PÈLERINAGE

DE

JÉRUSALEM

NOTES DE VOYAGE

IMPRESSIONS ET SOUVENIRS

(27 AVRIL—8 JUIN 1882)

PAR

L'ABBÉ ROUX

CURÉ DOYEN DE VERCEL (DOUBS)

L'UN DES TRENTE PÈLERINS FRANC-COMTOIS

BESANÇON

IMPRIMERIE ET LITHOGRAPHIE DE PAUL JACQUIN

14, Grande-Rue, 14

1883

PÈLERINAGE

DE JÉRUSALEM

AVANT-PROPOS

Ce livre n'est point une œuvre d'érudition.

Il n'y faut chercher ni une découverte nouvelle, ni la solution définitive de quelque controverse biblique.

L'auteur a seulement voulu raconter, dans une narration fidèle, l'histoire du grand pèlerinage de pénitence, d'après ses souvenirs personnels. Ce n'est guère que la mise en ordre, et parfois la reproduction littérale des notes qu'il a prises, au jour le jour, du commencement à la fin de ce voyage incomparable. Telle page a été écrite sur mer, telle autre au milieu d'une plaine fameuse, à cheval, sous les rayons d'un soleil de feu, à l'ombre de l'olivier, sous le portique d'un temple vénéré.

On a dit : A quoi bon une publication nouvelle sur les lieux saints ? N'avons-nous pas les magnifiques travaux des Chateaubriand, des Lamartine, des Mislin, des Géramb, des Guérin ; ouvrages complets, savants, remplis de détails précieux que ne comporte pas votre cadre si restreint ?

Il est facile de répondre à l'objection. Notre pèlerinage est un fait inouï, sans précédent. Il a sa physionomie propre, il constitue un véritable progrès dans les idées religieuses. D'ailleurs, chaque pèlerin a pu s'en assurer, un souffle d'en haut passe sur Jérusalem. La ville sainte a changé d'aspect. Ce n'est plus la Jérusalem de Lamartine ou de Mislin ; cette terre qui semblait alors à jamais stérile, nous l'avons vue se couvrir d'une merveilleuse effloraison d'œuvres catholiques. Avec quel joyeux étonnement nous avons salué les missionnaires d'Afrique, les frères des Ecoles chrétiennes, les carmélites, les dames de Sion, les sœurs de Saint-Joseph ! *Novus rerum nascitur ordo.* N'est-il pas bon de publier ces faits consolants, d'inviter nos frères à bénir Dieu, qui reprend possession de la cité maudite ? N'est-il pas opportun de faire connaître à ceux qui marcheront sur nos traces, comme à ceux qui étaient avec nous par le cœur et par la prière, nos souffrances, nos fatigues, nos saintes audaces, nos invincibles espérances ?

On l'a si bien compris, que peu de jours après la circulaire du 30 juillet dernier, annonçant le récit qu'on va lire, le nombre des souscriptions dépassait douze cents.

Un mot maintenant sur l'organisation du pèlerinage et sur l'exécution.

Il y a les apologistes à outrance.

Il y a les détracteurs de parti pris.

Ces deux excès sont également condamnables.

Ici, la vérité stricte conserve encore assez

de sublimes beautés pour qu'on évite soigneusement de lui porter la plus légère atteinte. « Rien n'est beau que le vrai : le vrai seul est aimable, » a dit le poète du bon goût [1].

[1] La présente publication devait paraître beaucoup plus tôt. Diverses circonstances ont forcé l'auteur d'interrompre son travail. Puis, au moment où il allait y mettre la dernière main, un incident douloureux s'est produit. L'école communale des filles, confiée depuis soixante ans aux religieuses, a été laïcisée. Il a fallu créer une école libre, au sein d'une population pleine de bonne volonté, mais dénuée de ressources. Le « pèlerin franc-comtois » s'est fait mendiant, il continue à tendre la main, et il ose espérer que ceux qui le liront viendront au secours de sa détresse, dans l'intérêt le plus sacré de tous, l'intérêt des âmes des enfants. (Vercel (Doubs), novembre 1882.)

PÈLERINAGE

DE JÉRUSALEM

CHAPITRE Iᵉʳ

PRÉPARATIFS DE DÉPART

Dans le courant du mois de février 1882, quelques hommes de foi, qui s'étaient déjà signalés par leur zèle dans le mouvement religieux des pèlerinages, firent un appel aux catholiques de France pour accomplir un pèlerinage national de pénitence à Jérusalem. Ils demandaient cinq cents hommes de bonne volonté; ce chiffre une fois atteint, ils se chargeaient de traiter avec la Compagnie transatlantique pour la traversée, et avec la Compagnie anglaise Cook pour les excursions en Palestine.

Les conditions étaient acceptables. Il ne fal-

1*

lait qu'un peu d'argent, une position libre, du temps, de la santé, surtout du courage.

Le saint-père, averti et consulté, avait daigné bénir ce projet. Sa lettre au P. Picard doit avoir ici sa place. Nous la reproduisons fidèlement :

« *Léon XIII pape.*

» Cher fils, salut et bénédiction apostolique.

» L'année dernière, pour calmer la colère de Dieu, irrité par les iniquités des hommes, nous avons proposé un jubilé à tous les fidèles. C'est donc pour nous une grande joie d'apprendre, par vos lettres, qu'on prépare dans le même but, et spécialement pour la France, ce pèlerinage de pénitence aux lieux saints de la Palestine, dont nous avons, sur votre rapport, approuvé le projet d'organisation, et qui doit reproduire le caractère et la piété des anciens pèlerinages, recommandés et enrichis d'indulgences par nos prédécesseurs. Nous nous réjouissons de voir cette entreprise approuvée et encouragée par la plupart des évêques de France, et surtout agréable aux fidèles, à tel point qu'un grand nombre se sont hâtés de s'inscrire, de peur que, devancés par l'empressement des autres, ils ne fussent exclus du nombre limité des passagers ; si bien que le succès a dépassé les espérances. Cependant, tous étaient bien prévenus que ce voyage n'était point entrepris pour se distraire, mais pour pratiquer la piété, l'obéissance, la mortification et le renoncement.

» Nous vous félicitons aussi de ce que la direction de tout le pèlerinage vous a été confiée, d'un commun accord, à vous qui avez tant de fois, d'une manière digne d'éloges, dirigé les pèlerinages à Rome. Nous avons, à bon droit, la confiance que tous vous obéiront volontiers, et vous rendront spontanément cette parfaite soumission qu'ils doivent, suivant le programme, promettre formellement au commencement du voyage, pour prévenir bien des difficultés, et conserver en tout l'unité d'esprit et d'action.

» Voulant donc combler de nos faveurs tous les fidèles qui entreprendront ce pèlerinage de pénitence en esprit de charité, de mortification et de prière, et déclareront formellement leur intention, comme c'est annoncé, nous accordons aux pèlerins l'indulgence plénière pour le jour du départ, celui du retour ou le lendemain, et pour un jour quelconque, au choix de chacun, pendant le pèlerinage ; pourvu que dûment confessés et ayant reçu la sainte commu-

nion, ils prient à notre intention pour la des-
truction des hérésies et pour les besoins et
l'exaltation de la sainte Eglise romaine. Nous
voulons que ces mêmes conditions soient obser-
vées pour toutes les autres indulgences plé-
nières qui seront accordées ci-après ; et nous
permettons que toutes puissent être appliquées
par suffrage aux fidèles pieusement décédés.

» A ceux qui, retenus chez eux, auront favo-
risé le pieux pèlerinage par l'envoi d'autres
pèlerins en leur nom, par des aumônes ou autrement, et à ceux qui, unis en esprit aux pèlerins, s'imposeront quelque acte de mortification
ou de piété à pratiquer chaque jour, depuis le
dimanche 30 avril prochain jusqu'au jour de la
fête du très saint Sacrement, 8 juin, comme
abstinence, assistance à la messe, exercice du
chemin de la croix, récitation du rosaire, des
sept psaumes de la pénitence, ou d'un petit
office approuvé, nous accordons une indulgence
plénière à gagner le premier jour du mois de
mai, et une autre à l'un des jours de fête de
l'Ascension, de la Pentecôte ou du très saint
Sacrement.

» Nous accordons aussi, pour le temps du
pèlerinage, que la messe puisse être célébrée

trois fois chaque jour sur le navire, par le directeur et deux prêtres choisis par lui, qui pourront distribuer la cómmunion à ceux qui la de-
manderont.

» Aux fêtes de première et seconde classe et
du rite double majeur, nous accordons le pouvoir de donner la bénédiction du très saint Sacrement, à cette condition, toutefois, que les
espèces consacrées, qu'il faudra réserver jusqu'au lendemain, si le salut a lieu le soir, soient
conservées dans un tabernacle devant lequel
une lampe brûlera constamment, et dont la clef
sera gardée par le directeur du pèlerinage.

» Nous accordons aussi au directeur et à
quelques prêtres approuvés pour la confession,
et à son choix, le pouvoir d'entendre les con-
fessions des pèlerins. Cependant, pour les
femmes, excepté pour les malades alitées, nous
voulons que l'on mette, comme dans les con-
fessionnaux, entre le prêtre et la pénitente,
une grille que l'on pourra facilement préparer
de manière à l'adapter pendant le voyage à
quelque meuble.

» Et pour ne pas priver les pèlerins des faveurs attachées à l'exercice du chemin de la
croix, soit sur le navire, soit là où il n'y aura

point de stations érigées canoniquement, nous accordons qu'ils puissent gagner toutes les indulgences attachées à cet exercice, en le faisant devant une croix portative placée en face d'eux.

» Lorsqu'ils seront arrivés aux lieux saints, nous accordons aux pèlerins de gagner, dans chaque sanctuaire qu'ils visiteront, les mêmes indulgences qu'ils gagneraient s'ils s'y trouvaient le jour de la fête principale du sanctuaire. Si quelqu'un de ces sanctuaires était trop étroit pour recevoir tous les pèlerins et pour que tous les prêtres du pèlerinage pussent y célébrer la messe, nous permettons d'y célébrer des messes et de distribuer la communion en plein air, et l'on pourra ainsi gagner les indulgences attachées à la visite du sanctuaire, comme si on l'avait réellement visité. Cependant, en ce qui touche la célébration des messes et la distribution de la sainte communion en plein air, nous ne voulons accorder la permission qu'après l'avis et l'approbation du révérendissime patriarche de Jérusalem, confiant à sa prudence d'examiner si les mœurs locales et le caractère des habitants permettent de le faire sans inconvénient.

» Nous avons voulu, dans tout cela, prévenir

les difficultés et faciliter l'accomplissement des œuvres de piété; stimuler, par le profit spirituel des indulgences, la pieuse pensée du pèlerinage de pénitence. Nous espérons que tous, se souvenant du but qu'on s'est proposé, agiront en tout avec un tel esprit de charité et d'humilité, un tel désir de concorde, une telle docilité envers les chefs, que non seulement ils ne mériteront aucun reproche, mais qu'ils seront, pour leurs compagnons, d'une bonté à toute épreuve, de vrais modèles de vertu pour ceux qui les verront, et que Dieu, qu'ils veulent apaiser par ce pèlerinage, leur deviendra propice, à eux, à leur patrie, et à toute l'Eglise catholique. Qu'il répande lui-même sur tous sa grâce avec abondance, et donne par cette entreprise une gloire nouvelle à son Eglise !

» Pour vous, cher fils, à qui il a voulu confier la charge de diriger cette œuvre difficile, qu'il vous accorde la prudence et les forces nécessaires pour organiser toutes choses le mieux possible, et par là étendre efficacement la gloire de Dieu, développer le culte des lieux sanctifiés par les mystères de notre Rédemption, et augmenter la piété parmi les fidèles ! Que la bénédiction apostolique, que nous vous accor-

dons avec amour, comme preuve de notre bienveillance, à vous, cher fils, et à tous ceux qui
entreprennent le pèlerinage de pénitence à Jérusalem, vous soit le gage de la faveur du
Ciel.

» Donné à Rome, auprès de Saint-Pierre, le
6 mars 1882, de notre pontificat l'an v.

» LÉON XIII, *pape.* »

Nous avons tenu à citer ce document, non
seulement parce qu'il donne au pèlerinage de
Jérusalem la plus haute consécration, mais
aussi parce qu'on y trouve la condamnation an-
ticipée de toutes les critiques du rationalisme
moderne, qui a fait des victimes jusque dans le
sanctuaire. Léon XIII encourage ceux qui par-
tent ; il invite les autres à les suivre en esprit ;
il distribue à tous, d'une main prodigue, les
trésors spirituels dont il a la dispensation suprême. O Père bien-aimé, soyez-en béni ! Sur
votre parole, nous marcherons sans crainte,
confiants dans la protection du Ciel, assurés du
succès.

Au lieu de cinq cents, mille chrétiens s'é-
taient levés à l'appel du P. Picard, répétant le
cri des croisés : Dieu le veut ! C'était une vraie
croisade, en effet, avec cette différence, que nos

pères s'armaient pour délivrer les lieux saints, tandis que nous partions pour livrer au Cœur de Jésus, sur le théâtre même de ses anéantissements, de ses humiliations et de ses douleurs, un assaut tôt ou tard victorieux, et le supplier de faire refleurir la religion des anciens jours parmi les fils dégénérés des croisés.

La France du moyen âge s'élançait dans ces expéditions lointaines, entraînant après elle les nations de l'Europe. La France moderne comptait encore, dans les rangs de ses mille pèlerins, des représentants de tous les peuples chrétiens. Plusieurs Espagnols, des Belges, des Anglais, des Irlandais, des Italiens, des Suisses, des Allemands, étaient venus se ranger sous la bannière de la fille aînée de l'Eglise.

Tout est prêt. Le rendez-vous général est au port de Marseille. Un seul vaisseau étant devenu insuffisant, la Compagnie transatlantique en fournira deux. Le départ est fixé au 27 avril, à une heure de l'après-midi.

Le 26, à quatre heures du soir, la gare de Marseille présentait le spectacle d'une animation extraordinaire. Le train spécial, concédé gracieusement et à prix réduit par la compagnie

de Paris-Lyon, arrivait. De longues files de
voitures stationnaient aux abords de la gare.
En un instant elles emportent, à travers les
rues de la vieille cité, voyageurs et bagages
jusqu'au port, où les attendaient les deux vaisseaux *la Guadeloupe* et *la Picardie*. Rendons
hommage au bon esprit de la population mar-
seillaise. Pas une insulte, pas une clameur hos-
tile, partout le respect et la sympathie.

Nos directeurs étaient là dès la veille. Il y a
tant à prévoir en pareil cas, tant de précautions
à prendre, tant d'imprévu pour déconcerter les
calculs de la sagesse la plus consommée! A
côté de ces hommes dévoués, les membres du
comité catholique de Marseille, dont le con-
cours nous a été si précieux. Chacun se dirige
vers le vaisseau qui lui est assigné et reconnaît sa place. Vers sept heures du soir, première réunion à l'église de la Major, voisine
de la cathédrale, pour y entendre quelques avis
généraux.

Depuis minuit, les voitures de place arri-
vaient au port d'heure en heure, pour conduire
à Notre-Dame de la Garde les pèlerins qui
étaient venus pour la plupart coucher à bord.
Dans la crypte du célèbre sanctuaire, un grand

nombre d'autels étaient dressés. On a pu y célébrer plus de quatre cents messes. Le matin, à
sept heures, toutes les cloches de la chapelle
annonçaient l'arrivée du vénérable évêque de
Marseille, M⁣ᵍʳ Robert. Le chœur, l'autel, sont
parés comme aux jours de grande fête et bril-
lent d'innombrables lumières. Le prélat, après
le saint sacrifice, où avait eu lieu la communion générale, adresse à l'assistance une allocution toute paternelle. Il insiste sur la nécessité de l'obéissance, tant recommandée par
Léon XIII. Puis il bénit les croix des pèlerins,
qu'il distribue ensuite aux hommes, tandis
qu'un Père franciscain les remet aux dames
agenouillées. Une fois à bord, chacun fixera sa
croix ostensiblement sur sa poitrine. A dix
heures, on se réunira encore, pour la dernière
fois, à l'église de la Major. Le pèlerinage est
commencé.

Cette dernière réunion ne s'effacera jamais de
nos souvenirs. Le P. Picard apparaît dans la
chaire. C'est un homme de haute stature ; sa
voix est vibrante, son œil ardent, son regard
enflammé. « Si tous vous êtes prêts à l'obéissance, à la chasteté, à la patience, répondez par
une affirmation formelle. — Et mille voix

répondent : Oui! — Malgré la fatigue? — Oui!
— Malgré la chaleur? — Oui! — Malgré la
souffrance? — Oui! — Malgré la maladie? —
Oui! — Jusqu'à la mort? — Oui! répétaient
toujours les mille voix. — Eh bien! maintenant, à genoux, et que Notre-Dame de la
Garde écoute la prière que je lui adresse au
nom de tous! Puis, sans quitter sa place, le Père,
dont les exigences, pour le dire en passant,
peuvent paraître excessives, prononce une de
ces prières brûlantes dont les saints ont seuls le
secret. Nous étions pénétrés, beaucoup fondaient en larmes. Le salut solennel du très saint
Sacrement couronne cette émouvante cérémonie. On sort en chantant le cantique populaire :

Je suis chrétien, etc.

Cependant le temps sombre et pluvieux de la
veille s'était éclairci. Le mistral soufflait depuis
l'aurore avec une violence extrême, et lançait
dans les yeux une poussière de feu. On racon-
tait qu'à Notre-Dame de la Garde, dans la matinée, plusieurs personnes avaient été renver-
sées. La prudence la plus vulgaire interdit de
lever l'ancre à l'heure indiquée. Bientôt nous
apprenons que le départ est remis au lende-

main. Cette annonce ne produit aucun mécon-
tentement. La résignation doit être facile aux
pèlerins de la pénitence. Les distractions, d'ailleurs, ne manquent pas. Pour beaucoup, tout
est nouveau : Marseille, le port, le vaisseau, la
mer. La grande cité déroule devant nous son
immense panorama. Elle est dominée par la
statue gigantesque de Notre-Dame de la Garde,
vers laquelle se tournent à chaque instant les
regards et les cœurs. Au nord-est, sur d'énormes rochers que le temps et les vagues ont
blanchis, le château d'If, où l'on fait quarantaine au retour de la traversée, toutes les fois
qu'il plaît aux oracles de la science médi-
cale.

De voyageurs nous sommes devenus passagers, les uns de *Guadeloupe*, les autres de *Picardie*. Une faible distance sépare les deux
vaisseaux. Les pèlerins sont presque tous sur le
pont. Les Marseillais, en grand nombre, se pro-
mènent le long du quai pour assister à notre
départ; ils ignorent qu'il est retardé. Tour à
tour ils se retirent et reparaissent. On devine
qu'ils sont bienveillants. Du rivage, quelques
petits marchands jettent aux passagers des
fruits, des citrons, des oranges, qui n'arrivent

pas toujours à destination. Ils reçoivent en échange, par le même mode d'envoi, une pièce de monnaie. Cet innocent exercice provoque, par intervalles, des éclats de franche gaieté. Les vagues roulent toujours comme des serpents immenses. Des canots transportent à grand'peine tout un personnel d'équipage sur un navire voisin de la *Guadeloupe*. Un vieux loup de mer, ruisselant d'eau, dirige la manœuvre. Cette lutte contre les flots est longue et laborieuse ; mais l'homme reste vainqueur.

Le soleil décline et dore la Vierge, qui semble nous sourire ; la mer s'empourpre sous ses feux mourants. Bientôt on se sépare, c'est le moment du sommeil. Tous les visages sont joyeux, tous les cœurs sont contents, l'entrain est général.

CHAPITRE II

EN MER

Il est six heures du matin, le mistral s'est abattu pendant la nuit. Les matelots lèvent l'ancre. La vapeur fait entendre ses rauques sifflements ; le pont est envahi ; on se sent sous le poids d'une émotion irrésistible. La grande voix du canon annonce notre départ, suivant l'usage. Bientôt le port est franchi. Un pèlerin entonne l'*Ave, maris stella,* que tous les autres poursuivent.

« O douce étoile des mers, Notre-Dame de la Garde, salut ! Salut et adieu ! Daignez bénir le départ, et bénir aussi le retour.

» *Solve vincla reis.* Nous allons demander la délivrance de la grande captive, qui est aussi la grande coupable, la délivrance de la patrie. Vous briserez ses fers. Elle est surtout frappée d'aveuglement ; vous lui rendrez la claire vue de la vérité : *Profer lumen cæcis*. Il est encore d'autres captifs et d'autres aveugles, les captifs du péché, les aveugles de l'infidélité. Soyez-leur secourable, ô Vierge clémente entre toutes les vierges.

» *Monstra te esse matrem*. Montrez en ce moment que vous êtes mère. La France est votre fille, elle vous est consacrée. Les enfants de la France sont deux fois les vôtres. Sauvez-les.

» *Iter para tutum*. Dans le cours de notre lointain voyage, que de dangers nous menacent ! Si la tempête vient à gronder, calmez-la. Si la maladie nous frappe, guérissez-nous. Si le soleil nous brûle, soyez contre ses ardeurs l'ombrage et la rosée rafraîchissante. Si l'enfer nous attaque, soyez notre bouclier. Gardez-nous jusqu'au port du salut, jusqu'au ciel, où nous partagerons, avec Jésus et avec vous, les éternelles joies. *Ut videntes Jesum semper collætemur.* »

Mais à mesure que l'on reprend une strophe nouvelle, le chant faiblit. Qu'y a-t-il donc ? Tant que nous avions navigué dans le port, le mouvement du vaisseau était peu sensible. Il s'accentue dès que nous voguons en haute mer. On s'interroge du regard, les figures pâlissent. C'est le mal de mer qui fait sentir ses premières

atteintes. Tous cependant ne sont pas frappés.
Regardez, au coin d'un banc, cette rieuse, que
plusieurs traversées ont aguerrie. Elle passe en
revue, d'un œil malin, d'où la compassion n'est
pourtant pas exclue, ses voisins, et surtout ses
voisines, qui succombent, les unes après les autres, au terrible mal. Tout à l'heure on se pro-
menait presque fièrement, les bancs étaient en-
combrés. Maintenant cent victimes, — j'allais
dire cent cadavres, — sont étendues sur le
pont, et semblent prêtes à rendre l'âme. Quelques-unes, recueillant avec peine un reste de
forces, poussent l'héroïsme jusqu'à descendre
dans les cabines, et là, attendre patiemment,
dans leur couchette, la fin de cette énervante
maladie. Au dire des marins, ces passagers ont
tort. Mieux vaut rester sur le pont. Là, du moins,
l'air est pur; ailleurs, il est épais et malsain.

On indique vingt recettes contre le mal de
mer : aucune n'est efficace. Celui-ci veut qu'on
s'embarque à jeun; celui-là, qu'un copieux
repas précède le départ. L'un se cuirasse la
poitrine d'un journal fraîchement imprimé,
l'autre, d'un plastron de sel. — Jeux d'enfants
que tout cela, s'écrie quelqu'un en invoquant
son expérience ; avalez-moi un verre d'eau salée.

Son camarade réplique qu'un grand verre de vieux rhum est un remède souverain.

Mais que tous se rassurent, le mal de mer ne fait pas mourir. Demain, la plupart seront rétablis. Après-demain, pas un malade ne restera à l'infirmerie. En attendant ce retour universel à la santé, cherchons à nous rendre compte du personnel et du règlement.

Nous sommes un peu plus de mille, qui se répartissent ainsi : quatre cent cinquante prêtres ou religieux, trois cents dames, un peu moins de trois cents hommes du monde. L'adolescence, la jeunesse, l'âge mûr, la vieillesse même, tous les âges, toutes les conditions de la vie, y sont représentés. L'humble fille de service y coudoie la grande dame, le riche choisit sa place à côté du pauvre, qu'il conduit et qu'il secourt. Voici un brave domestique, un Belge, que son maître députe au tombeau de Jésus-Christ. Une femme presque indigente raconte qu'elle a fait le sacrifice de son chétif avoir pour visiter les lieux saints. Au spectacle de ces jeunes filles délicates, de ces sexagénaires, de ces vieillards, les prudents du siècle auraient haussé les épaules ; ils se seraient écriés : Folie ! — Oui, en vérité, c'était une grande folie; mais la foi l'avait inspirée, l'amour de l'Eglise et de la patrie l'ennoblissait. O sainte folie de la croix, qui tant de fois a déconcerté l'humaine sagesse ! Les prudents du XIXᵉ siècle en ont vu les œuvres avec stupeur, et notre pèlerinage l'a fait resplendir d'un éclat peut-être inconnu, du moins dans de semblables proportions.

Pour alimenter cette foi, pour entretenir cet esprit de sacrifice, il fallait un moyen. Ce moyen, il ne varie point. En Asie comme en Europe, au milieu des flots comme sur la terre ferme, c'est toujours le *pain de vie* descendu des cieux et qui nous est donné sous deux formes : la parole de Dieu et l'eucharistie. Nos zélés directeurs n'avaient garde de l'oublier. Nous avions nos prédicateurs; leurs noms sont écrits en lettres d'or dans nos cœurs, ils paraîtront à leur place dans le cours de ce récit. En outre, vingt-quatre autels portatifs, propriété du comité des pèlerinages, avaient été transportés de Paris et partagés entre les deux navires. A cinq heures du matin, on dressait à l'arrière du pont ces autels, et jusqu'après huit heures les messes se succédaient. Chose inouïe dans les annales du monde ! presque tous les jours, excepté ceux où la mer

était par trop agitée, pendant les deux traversées, nous avons donné aux anges ce spectacle
nouveau pour eux. Et pas un accident ne s'est
produit ! Par intervalles, le mouvement com-
biné du roulis et du tangage devenait inquié-
tant. J'ai vu plus d'une fois chanceler le célébrant, surtout lorsqu'il était d'un âge avancé ;
l'assistance ne pouvait se défendre d'un sentiment de crainte pour le prêtre et pour les
saintes espèces ; mais la protection du ciel était
manifeste. Il faut dire aussi qu'on ne négligeait
aucune précaution. Chaque autel était fortement
attaché, une sorte de presse en vermeil garan-
tissait la sainte hostie, la main d'un des deux
prêtres assistants de rigueur ne quittait jamais
le calice, et, par-dessus tout, la vigilance inquiète
du célébrant réussissait invariablement à con-
jurer tout malheur.

Quelles actions de grâces les prêtres de la
Guadeloupe et de la *Picardie* ne doivent-ils pas
à Léon XIII ! On connaît les sévérités du droit
canonique pour ce qui concerne la célébration
du saint sacrifice sur la mer. La lettre du souverain pontife citée plus haut accordait les permis-
sions les plus étendues que l'on mentionne dans
l'histoire. C'était le prélude de libéralités telles

que personne n'aurait osé les espérer, car on n'en trouve pas un seul exemple dans toute la tradition catholique. Certes, des privilèges de ce genre sont à signaler; ils disent éloquemment la pensée du pape sur le pèlerinage de terre sainte.

Ce fut le dimanche 30 avril, fête du patronage de saint Joseph, que s'ouvrit cette merveilleuse série de soixante à quatre-vingts messes par jour à bord de chaque navire. La veille, on n'avait célébré qu'une ou deux fois, et encore était-ce dans les salons, tant les flots étaient agités et les malades nombreux. Puis le calme était revenu, le soleil et la mer semblaient sourire à la petite flotte. Les malades quittaient leurs cabines les uns après les autres et remontaient sur le pont. L'état sanitaire s'améliorait d'heure en heure et comme par enchantement. Une touchante allocution du P. Mathieu, dominicain, acheva de relever les courages : « Jésus, à la voix du prêtre, est venu ce matin sur la mer comme autrefois; il nous apporte la paix, il enchaîne la tempête. *Tu dominaris potestati maris, motum autem fluctuum ejus tu mitigas*. Notre barque est apostolique au premier chef, comme celle de Génézareth :

2*

en effet, dans nos rangs, les prêtres se comptent par centaines ; nous allons suivre les pas de Jésus depuis Bethléem et Nazareth jusqu'au Calvaire, et nous rapporterons à nos frères d'Europe la bonne nouvelle du salut. Donc, ayons confiance ! »

En ce moment, un petit oiseau, tendre comme une colombe, et de même couleur, vient se reposer sur les cordages, tout près de nous. Etait-ce le messager de l'espérance ? Nous avons eu, à peu près chaque jour, cette charmante distraction de la visite des oiseaux. L'hirondelle, la colombe, la perruche, apparaissaient tour à tour et réjouissaient les cœurs. Au milieu de la mer, l'hirondelle est plus joyeuse, la colombe plus douce et la perruche plus jolie.

Une imposante cérémonie devait terminer la journée et préparer les pèlerins à la fête du lendemain. Je veux parler de la bénédiction du vaisseau et de l'érection de la croix au pied du grand mât. Nul ne manque à l'appel. Avec les pèlerins, le capitaine du bord, son état-major et l'équipage au complet. Leur attitude est parfaitement correcte. Ces marins, rompus à la discipline, paraissent devoir être naturellement chrétiens. Le P. Emmanuel Bailly, directeur de la

Guadeloupe, préside. La procession se forme
et se met en marche depuis l'arrière vers le
grand mât, contre lequel est appuyée la croix.
Les femmes s'avancent les premières, puis les
hommes, et enfin les prêtres, au chant du *Mi-
sérere*, répété trois fois. Arrivés auprès du signe
sacré de la Rédemption, tous tombent à genoux,
et, sur l'invitation de l'officiant, chantent, les
bras en croix, la strophe *O crux, ave, spes unica.*
Il est des scènes qu'il faut renoncer à décrire.
Les premières ombres de la nuit ajoutaient encore à la solennité des prières de l'Eglise ; le
bruit des flots, que l'Eglise appelle, dans son
divin langage, le son des grandes eaux, *sonitus
aquarum multarum*, se mêlait à nos accents
dans une harmonie sublime. Nous marchons
dans le grandiose. Nos âmes s'élèvent, elles
montent à des hauteurs inconnues, elles atteignent aux sommets de la foi, du repentir, de
l'espérance, de la miséricorde.

La cérémonie s'achève sous cette profonde
impression. Puis on proclame les noms des prêtres qui seront admis, demain, à la célébration
des saints mystères. Presque tous les prêtres
franc-comtois sont désignés sur cette première
liste. Heureux et reconnaissants, ils se retirent

avec tous les autres pour prendre un repos nécessaire, que la perspective d'une si grande faveur remplit de suavité. .

Le 30 avril, dès les cinq heures du matin, les
douze autels de la *Guadeloupe* étaient dressés ;
un groupe de prêtres entourait chacun d'eux.
Au milieu, le maître-autel, réservé pour les
messes dites du pèlerinage, les seules où se
distribuait la sainte eucharistie. Le maître-autel
était surmonté d'un tabernacle recouvert de
riches étoffes, que rehaussaient encore les pa-
rures les plus variées, dont les dames s'étaient
dépouillées à l'envi. Des guirlandes de fleurs,
des bijoux, des couronnes, disposés avec un
goût charmant, ornent la demeure du Roi des
rois anéanti dans l'hostie consacrée. C'est un
véritable sanctuaire, séparé d'ailleurs par des
tentures qui règnent sur toute la largeur du
pont. Derrière cette enceinte réservée, d'autres
tentures, formées, comme les premières, avec
les drapeaux du navire. Au-dessus, des toiles
tendues et fixées aux cordages complètent l'as-
sortiment. On se trouve ainsi dans une pièce à
part, complètement fermée, où le soleil ne pénètre pas, où l'on peut venir prier au sein du
silence et du recueillement. Les pèlerins y fe-

ront leur visite pendant le jour, la garde d'honneur pendant la nuit, et nul n'en approchera que dans un but d'édification et de piété.

Vers neuf heures, la grand'messe commence. Quelle scène encore ! La mer était calme et unie comme une glace, pas un nuage n'altérait la pureté du ciel. L'immensité nous entourait de toutes parts. Cinq cents voix, partagées en deux chœurs, chantent les prières de la liturgie catholique et les louanges de saint Joseph. M. l'abbé Pilain, missionnaire apostolique, du diocèse d'Arras, se détache de l'assistance après l'évangile ; il donne, en termes émus et chaleureux, le chiffre des messes et des communions du matin : quatre-vingts messes, trois cent cinquante communions. Puis il nous entretient de la mission de saint Joseph dans le monde. L'ange lui a dit : « Lève-toi, prends l'enfant et sa mère, et pars en Egypte. » Longtemps Dieu a paru le laisser dans l'ombre ; l'heure est venue pour lui d'en sortir. L'Eglise, par la bouche infaillible de Pie IX, l'a proclamé son protecteur contre les persécutions, les abus, les vices du temps. Il s'est levé, il a pris l'enfant, non pas l'Enfant-Dieu, qui est en sûreté, mais l'Eglise elle-même, c'est-à-dire tous les fidèles. Il a pris la mère : c'est le prêtre, qui donne et qui entretient la vie surnaturelle. Il va les conduire du côté de l'Egypte, c'est-à-dire dans la terre d'abondance où coulent des ruisseaux de grâces. Puis l'orateur fait aux pèlerins l'application de ces belles pensées. Il me semble toujours entendre les accents de sa chaude éloquence. Dès ce jour, M. Pilain s'est acquis des droits inviolables à notre gratitude.

Après le sermon français, un des huit prêtres espagnols qui nous accompagnaient adresse à l'auditoire une courte et brûlante allocution, dans la langue de sa patrie. Il montre l'Espagne sœur de la France dans son amour pour Marie et dans son amour pour l'Eglise. Peu le comprennent, mais tous le devinent, et à trois reprises les applaudissements couvrent sa voix.

La fête de demain, saint Philippe et saint Jacques, nous donne droit de conserver la sainte réserve jusqu'à mardi matin.

Aujourd'hui, de bonne heure, on était en vue de la petite île Pantellaria. Le regard s'y porte avec d'autant plus d'empressement que, depuis deux jours, il avait interrogé vainement tous les points de l'horizon. Bientôt nous verrons Gozzo, roc gigantesque qui dissimule longtemps à nos yeux l'île de Malte, dont il n'est séparé que par un petit détroit.

La fête du 30 avril devait être belle jusqu'à la fin. Dans l'après-midi, nous eûmes les vêpres solennelles, puis l'inauguration du mois de Marie par le chapelet médité. Le P. Mathieu nous ravit par ses considérations sur chaque mystère joyeux, en nous montrant Jésus pèlerin, faisant sa première station dans le sein de sa Mère, sa seconde dans la maison de Zacharie, puis à Bethléem, puis au temple. Il trouve les plus touchantes analogies entre ces pèlerinages du Sauveur et le nôtre. Je ne veux pas me hasarder à faire l'éloge du P. Mathieu ; la tâche est trop au-dessus de mes forces. Qu'il me suffise de dire que la parole de cet homme de Dieu fut une des grandes jouissances des passagers de la *Guadeloupe*. Dieu seul connaît le bien qu'elle a produit.

Il y eut encore, aux approches de la nuit, le salut du très saint Sacrement, précédé du chant d'un cantique et des litanies de la sainte Vierge. On approchait de l'île de Malte. Nous avons eu le regret de ne la voir qu'aux dernières lueurs du crépuscule. Un clair de lune magnifique, les mille feux qui scintillaient dans toute l'étendue

de l'île, permettaient d'apercevoir vaguement
le dôme de la cathédrale, les flèches des clo-
chers, et le port, si vanté des touristes. Saluons
du moins par nos chants cette terre célèbre,
que la vaillance de nos aïeux a illustrée, ces
rochers qui furent arrosés du sang des cheva-
liers français dans leurs luttes contre l'Islam.
Et l'*Ave, maris stella*, et le *Magnificat* retentissent sur la *Guadeloupe*, et les échos les plus
lointains de Malte les répètent comme une réponse de foi et d'espérance. Pendant ce temps-
là, le navire avait ralenti sa marche et annoncé
sa présence par des signaux de convention.
Bientôt un bateau se détache du port ; il est
suivi d'un second, d'un troisième, d'un quatrième. Nous sommes arrêtés. Les petites em-
barcations luttent de vitesse et nous atteignent
en un instant ; elles emportent aussitôt les dé-
pêches de la *Guadeloupe*, qui partiront sans
délai pour la France et feront connaître les premières nouvelles du voyage.

Il est neuf heures du soir. Le vaisseau reprend sa course à travers la plaine liquide. Déjà
Malte est derrière nous ; la lune monte vers le
milieu du ciel en se jouant dans les flots, qui
semblent la briser en mille éclats comme une

fusée magique. Peu à peu le pont devient désert ; c'est l'heure du sommeil.

Il est temps de dire quelques mots sur le règlement du bord. Le lever est fixé à six heures ; mais il est permis de devancer l'heure réglementaire, pourvu qu'on le fasse en silence, pour ne point incommoder ses voisins. A sept heures, la messe du pèlerinage. Le petit déjeuner a lieu aussitôt après. Temps libre jusqu'au grand déjeuner, qui se fait en deux services, à dix heures et à onze heures. Les exercices spirituels du soir sont : le rosaire ; on l'espace en deux ou trois temps ; il est récité, alternativement, par l'un des deux dominicains qui sont dans nos rangs : le P. Mathieu et le P. Dubourg ; à trois heures, le chemin de la croix, présidé par le jeune P. de Goué, de l'ordre de Saint-François ; enfin, à la chute du jour, le mois de Marie, et les jours de fête seulement, le salut, où l'on récite aussi la prière du soir. Le dîner est à quatre et cinq heures. En seconde classe, la nourriture est abondante, bien apprêtée ; le thé, le café, le vin, sont à discrétion. Propreté irréprochable, beaucoup d'attentions de la part des domestiques. Après la prière du soir, on se promène de l'avant à l'arrière jusqu'à neuf ou dix heures. Les uns engagent des conversations particulières ; les autres préfèrent contempler en silence le grand spectacle de la mer, qui ne lasse jamais. Un certain nombre, les Vendéens en particulier, forment des chœurs de chant. Je me souviens avec bonheur d'un refrain qu'ils nous ont dit très populaire en Vendée ; c'est le refrain d'un cantique de mission, composé tout exprès pour les hommes :

Toujours chez nous, même au siècle où nous sommes,
Les cœurs virils sont fiers d'être chrétiens.
   Dieu, pour sa gloire, aura des hommes ⎫
   Tant que vivront les Vendéens.   ⎬ *bis.*

La plus douce gaieté règne parmi les passagers. Pas la moindre distinction de rang, de fortune, d'intelligence ; on se prévient et on s'honore mutuellement : *honore invicem prævenientes.* Cependant il y avait là des grands du monde, des princes de la parole, des littérateurs, des poètes, des artistes. Ces titres s'effaçaient devant celui de pèlerin de la pénitence. J'ai parlé d'artistes et de poètes. Un d'entre eux, M. Toye, du diocèse de Mende, a composé quelques couplets de circonstance, avec lesquels les passagers de la *Guadeloupe* sont familiarisés ; puis il a adapté à ces vers un air nouveau, qui a été goûté d'un grand nombre. Voici le morceau dans son entier :

I.

La France est bien en deuil, mutilée et meurtrie,
Après des jours remplis de gloire et de bonheur.
On ne reconnaît plus notre belle patrie ;
L'esprit du mal l'a prise et l'a frappée au cœur.
Et mille pèlerins s'en vont en terre sainte,
Portés sur des vaisseaux que protège la croix,
Exposer leur douleur et formuler leur plainte,
Et crier à genoux : Pardon, ô Roi des rois !

REFRAIN.

Dieu tout-puissant, pardonne encore !
Sauve la France, apaise ton courroux ;
C'est ton vrai peuple qui t'implore ⎱ *bis.*
A genoux, à genoux. ⎰

II.

Il veut tout renverser, détruire la famille,
A nos ministres saints défendre de prier
Près du soldat mourant, et que la jeune fille,
Mère un jour, ne soit plus notre ange du foyer.
Il veut bouleverser, dans notre chère France,
Tout ce qui fit toujours sa gloire et sa grandeur,
En la vie à venir nous ôter l'espérance,
Et que chaque écolier soit un libre penseur.

III.

Le démon, semble-t-il, a gagné la bataille,
Il a pris le dessus et nous opprime tous.
Mais tout disparaîtrait comme un fétu de paille
Si tu voulais jeter un seul regard sur nous.

Tu ne permettras pas, ô Dieu plein de clémence,
Que dure plus longtemps le règne du méchant;
Car tu sais bien qu'on t'aime en notre chère France,
Et que tout vrai Français s'appelle ton enfant.

IV.

Nous allons prosterner nos fronts dans la poussière
Que sous ses pieds meurtris ton divin Fils foula.
Nous allons visiter son douloureux Calvaire,
Pleurer avec Marie au pied du Golgotha.
Ah ! par ce divin Fils, Dieu clément ! par sa Mère,
La Vierge qui baisait en pleurs ses pieds sanglants,
Ne te détourne plus, écoute la prière
Qu'accablés sous tes coups t'adressent tes enfants.

A la vérité, dans ces vers, l'expression n'est pas toujours heureuse ni le tour parfaitement réussi. Mais, qu'on veuille bien le remarquer, il s'agit d'une improvisation, et d'une improvisation faite sur mer. On y trouve du moins un sentiment très élevé, et la musique de l'auteur contient des beautés de premier ordre, qui lui ont valu de nombreuses félicitations.

Il y avait au milieu de nous un homme qui était l'âme de nos exercices. Nous l'avons à peine nommé dans les pages précédentes : c'est le P. Emmanuel Bailly, religieux augustin de l'Assomption, et premier assistant du P. Picard, supérieur général de l'ordre, qui lui avait confié la direction de la *Guadeloupe,* se réservant pour

lui-même, disait-il, la *Picardie*, parce qu'on devait y souffrir davantage, et que le chef des
pèlerins de la pénitence était tenu de prêcher
par l'exemple. Le P. Bailly rompait souvent
pour nous le pain de la parole sainte, et il le
faisait avec un accent si pénétré, une foi si vive,
une ardeur si grande, une conviction si émue,
qu'il trouvait toujours le chemin du cœur. Mais
là ne se bornait pas son rôle : rien n'échappait
à sa sollicitude. Est-il un malade qu'il n'ait visité et fortifié par de bonnes paroles ? Il s'infor-
mait des besoins de tous, allait du médecin au
maître d'hôtel et du maître d'hôtel au capitaine.
Si parfois une observation lui paraissait nécessaire pour assurer le maintien de la discipline,
il savait y mettre tant de finesse et de dextérité,
qu'il devenait impossible de ne pas se ranger à
son avis. On rencontre rarement à un tel degré,
chez ceux qui exercent une autorité quelconque,
ce mélange de douceur et de fermeté.

Nous nous reprocherions d'aller plus loin
sans payer à toute la famille religieuse de l'Assomption le tribut de notre reconnaissance. Si
les pèlerinages sont rentrés dans nos mœurs,
malgré des préjugés en apparence insurmon-
tables, c'est principalement aux assomptio-

nistes, après le pape, qu'en revient l'honneur.
On les a vus sur les chemins de Rome, de la
Salette, de Lourdes, organisant et dirigeant
tout. L'initiative d'un pèlerinage populaire à Jérusalem leur est due et restera leur grande
gloire. Le succès a couronné leur sainte audace ;
ils ont bien mérité de la France et de l'Eglise
tout entière.

Reprenons la suite de notre récit. Pendant la
journée du 1ᵉʳ mai, le vent s'était levé ; aussi le
roulis se faisait sentir davantage, et la santé générale était moins bonne. Le P. Mathieu nous
électrisa par ses méditations sur le rosaire. Au
pied du tabernacle, il fit à Jésus dans l'eucharistie l'application la plus ingénieuse des quinze
mystères, et nous offrit, sur la guerre qui est
faite aujourd'hui à Dieu et à son Christ, de très
belles et très hautes considérations. Nous eûmes
aussi la conférence d'un docteur du bord,
homme d'expérience et de talent, qui avait
passé deux ans au Sahara. Il ne sera pas hors
de propos de rapporter ces conseils tels qu'ils
ont été notés aussitôt après :

Dans le cours de notre voyage en Palestine,
nous aurons des ennemis à combattre et des
précautions à prendre. Le premier ennemi, c'est

la figue de barbarie, fruit délicieux, mais fatal. On doit se l'interdire absolument. Elle est inoffensive aux Arabes, qui absorbent préalablement une énorme quantité d'huile, et s'en rassasient ensuite impunément. Le second ennemi, c'est la soif. Il ne faut boire ni eau pure ni liqueur alcoolique, qui pourrait entraîner l'apoplexie. Mais on peut filtrer l'eau dans un linge, et boire cette eau filtrée par petites gorgées avec un chalumeau. Il n'y a pas de meilleure boisson que le café noir, léger, plus ou moins étendu d'eau et très peu sucré. Rien n'empêche d'y ajouter quelques gouttes d'eau-de-vie ou de rhum, dans la proportion d'une cuiller à café pour un verre. On trompe aussi la soif au moyen d'un caillou qu'on se met dans la bouche. Enfin, la chaleur. Que chacun soit muni d'une ombrelle : de la sorte, vous vous défendrez contre le soleil, et vous passerez pour un grand seigneur aux yeux des Arabes.

Quant aux précautions à prendre, il importe avant tout que la tête et l'estomac soient toujours chauds. La tête : les Arabes en donnent l'exemple, ils ont le turban et ils évitent de se découvrir, même dans leurs mosquées, car la moindre fraîcheur serait un soulagement fu-

neste. L'estomac : une sensation de froid expo-
serait facilement à la dysenterie ; on conjure
ce danger au moyen d'un vêtement de laine
appliqué sur la peau. En outre, il faut mettre
un soin extrême à se garantir les yeux contre
l'air de la nuit, autrement la vue pourrait en
être gravement compromise. Si vous subissez
la piqûre d'un insecte, quel que soit cet insecte,
hâtez-vous de laver la blessure avec de l'ammoniaque, et à défaut d'ammoniaque, avec du vi-
naigre. S'il vous arrive une luxation quelconque,
prenez un bain ; quand le bain est impossible,
remplacez-le par une friction que vous opérez
avec une étoffe de laine jusqu'à soulagement.

On le voit, la Providence veillait de toute manière sur les pèlerins de terre sainte. Aucun
intérêt n'était négligé, aucun secours ne leur
manquait. Les recommandations qu'on vient de
lire devaient bientôt nous être précieuses, et
ceux qui ont visité les contrées de l'Orient seront unanimes à en proclamer la sagesse.

Conformément aux instructions du souverain
pontife, le 2 mai, à la messe de communion,
on consomma toutes les espèces eucharistiques.
Les reliques de la vraie croix et un certain
nombre d'autres furent ensuite exposées jus-

qu'au soir. Depuis que Malte avait disparu à nos yeux, nous avions vainement exploré du regard tous les points de l'horizon, lorsque, sur l'heure de midi, une tache noire parut se détacher du côté du nord-est. C'était l'île de Candie. Peu après nous apercevons ses blancs sommets, ce qui fait croire à plusieurs qu'elle est couverte de neige; mais ce n'est, paraît-il, qu'un effet de lumière. Nous en étions distants d'environ douze lieues.

A une heure, on annonce l'ouverture de la retraite préparatoire à la visite des saints lieux. Cette retraite est facultative, mais il ne se trouve à peu près personne qui ne veuille y prendre part. Le P. Touche, mariste, donne la première instruction; sa diction facile, imagée, pleine de sentiment, captive dès l'abord son auditoire.

La fête de l'Invention de la sainte Croix devait nous rendre pour deux jours encore le bienfait de la présence réelle de Jésus-Christ dans le tabernacle. Je dis pour deux jours; en effet, le lendemain se trouvait être la fête de sainte Monique, élevée pour les augustins au rit de première classe. Dans la matinée du 3 mai, M. Pilain, l'un de nos plus sympathiques prédicateurs, montra la France comme l'héritière du

3*

peuple juif. « Le peuple juif, dit-il, est né d'un acte de foi : Dieu dit à Abraham : Parce que tu as cru, je te donnerai une postérité aussi nombreuse que les étoiles du ciel. La France aussi est née de l'acte de foi de Clovis à Tolbiac. Mais le peuple juif a été maudit pour avoir renié sa foi, tandis que les œuvres de la foi relèveront la France. Nous sommes une députation de la France, et nous faisons ces œuvres de la foi. Ce n'est pas assez : il faut joindre à la foi la pénitence. Saint Bernard enseigne que l'Eglise doit subir des persécutions de trois sortes : les persécutions du sang, elles ont eu lieu les premières ; ensuite les persécutions des hérésies, et, à la fin des temps, celles de la mollesse. C'est contre cette troisième sorte de persécutions que nous avons à nous défendre, avec les armes du sacrifice et de la mortification. Ne nous regardons pas comme des saints, mais comme des pécheurs, chargés des iniquités de la France. Quand arriva pour Jésus le moment de la grande expiation, la tristesse le saisit, *cœpit contristari*. Soyons tristes nous-mêmes, comme il convient à notre mission. Marchons au Calvaire avec les sentiments de Madeleine, non pas de Madeleine la sainte, mais de Madeleine la coupable. Après avoir gravi le Calvaire, elle devint une sainte française, et embauma notre pays du parfum de sa sainteté. Nous reviendrons, de même, sanctificateurs de nos frères, et nous répandrons autour de nous la bonne odeur du Christ. »

Dans le cours de l'après-midi, le P. Mathieu prit la parole à son tour, et se surpassa en quelque sorte dans le commentaire qu'il fit de ce texte : « *Ecce ascendimus Jerosolymam, et Filius hominis tradetur principibus sacerdotum, et scribis, et judicabitur, et flagellabitur, et crucifigetur, et tertia die resurget.* Voici que nous montons à Jérusalem, et le Fils de l'homme sera livré aux princes des prêtres et aux scribes; on le jugera, on le flagellera, on le crucifiera, et il ressuscitera le troisième jour. » Jamais ce passage de l'Evangile n'eut une application plus vraie. *Ecce :* nous voici mille pèlerins sur la route de Jérusalem. Nous montons : monter, c'est laisser ce qui est en bas, c'est s'alléger pour jouir de vastes horizons. Nos âmes ont monté depuis quelques jours, elles étaient terre à terre, maintenant elles s'élèvent. Et nous serons livrés aux princes des prêtres : ce sont les apôtres; aux scribes : ce sont les évangélistes. Ils nous jugeront, et les saints qui ont vécu dans ces lieux nous jugeront aussi. Ils nous condamneront, car non seulement notre vie n'est pas conforme à leur vie et à leurs enseignements, mais elle en est la contrefaçon. Et nous serons flagellés. Honte à nous, pécheurs, de la part des saints du ciel ! Honte à nous comme peuple. Nous serons bientôt en face d'une nation qui a cru à la parole d'un faux prophète, et qui est plus fidèle, comme nation, à ses croyances, que la nation française n'est fidèle au Christ. Nous avons été flagellés, il y a peu d'années, sur les deux épaules : l'Alsace et la Lorraine ; sur la poitrine : Paris. Mais, le dirons-nous ? les sages reconnaissent que le châtiment aurait droit de recommencer. Et nous serons crucifiés. Ce n'est pas assez de porter sa croix pour être chrétien ; il faut encore se crucifier soi-même, c'est-à-dire sacrifier ses vices, ses convoitises, sa volonté propre, à la volonté de Dieu. Et le Fils de l'homme, crucifié, mourra. Si personne de nous ne meurt, c'est miracle. Sommes-nous disposés à mourir ? Je ne le demande pas aux prêtres ; ils s'immolent chaque jour à l'autel, et offrent à Dieu leur vie pour le temps qu'il lui plaira. Mais vous, mes frères, voulez-vous mourir ? Si vous répondez non, alors vous ne deviez pas venir, vous n'êtes pas pèlerins. Et il ressuscitera le troisième jour. Si vous mourez, la résurrection est proche. Un jour qui commence, un jour qui continue, un jour qui finit ; et, après, la vie vous sera rendue. Et comme Jésus par sa mort nous a rendu la vie, vous rendrez la vie à la France qui meurt. »

Ceux qui liront ces lignes décolorées auront peine à concevoir l'enthousiasme que de tels discours excitaient dans toutes les âmes. Cet enthousiasme fut porté à son comble par la cérémonie du soir, une des plus belles de la traversée. Il s'agit de la consécration, au Sacré Cœur de Jésus, du navire, des laïques, des nations étrangères, des religieux français, et enfin du clergé de France. Nous étions agenouillés au pied du tabernacle ; la procession se forme sur deux rangs, de la même manière que le samedi précédent, et se dirige du côté du grand mât, contre lequel était appuyée la croix. A droite et à gauche de la croix, deux prêtres, debout, tenaient à la main deux reliques de la vraie croix ; ils les présentent à l'adoration et au baiser de chaque pèlerin. Le sens de ce baiser, ainsi que le P. Bailly l'avait expliqué dans une exhortation empreinte de la plus tendre piété, c'était l'amour, l'amende honorable envers Jésus-Christ. On revient au point de départ ; un laïque se détache de l'assistance : c'est M. Guyon de Vauloger, ancien officier de marine, du diocèse de Séez. Il prononce, au nom de tous les laïques, de tous les hommes, de toutes les mères, de toutes les épouses, de toutes les filles chrétiennes, une admirable formule de consécration au Sacré Cœur, devant le très saint Sacrement exposé. Un prêtre espagnol le remplace et fait à son tour la consécration de toutes les nations étrangères représentées sur le vaisseau. Vient ensuite le P. Mathieu ; il se déclare le représentant de tous les religieux français, et particulièrement de ceux qui, comme lui, sont expulsés par le plus inique des décrets. Sa prière est un cri de louange et d'espérance. Enfin voici un prêtre à l'air vénérable, qui a su se gagner rapidement le respect et l'affection de tous par son humilité profonde au service d'un admirable talent d'orateur : c'est M. Metge, archiprêtre de Perpignan. On ne pouvait faire un choix plus heureux pour consacrer au divin Cœur le clergé séculier de France ; il le fit en termes enflammés. Vous auriez dit un chérubin devant le trône de Dieu.

O mon Dieu ! que tout cela était beau, et grand, et suave, et fortifiant !

A neuf heures du soir, je m'entretenais avec le P. Touche. Nous étions appuyés contre le bastingage de l'avant, contemplant tour à tour le ciel parsemé d'innombrables étoiles, et la mer tranquille où se reflétaient les astres, deux immensités qui semblaient se confondre en une seule pour mieux faire éclater le néant de l'homme. M. l'archiprêtre de Perpignan s'approcha, avec ce bon sourire qui ne le quittait jamais ; le P. Touche voulut le féliciter. L'archiprêtre l'interrompit : « J'ai le trait, et c'est tout. Je suis charpentier, vous êtes ébéniste. A chacun son rôle. »

Le 4 mai, fête de sainte Monique, les mères chrétiennes du pèlerinage eurent les premiers honneurs de la journée. On récita pour elles et pour toutes les mères le chapelet du matin, et le P. Mathieu leur fit, avec un rare bonheur, l'application des cinq mystères joyeux. 1° La Vierge était en prières lorsque l'ange vint lui annoncer qu'elle concevrait le Fils de Dieu. Que les mères aussi se préparent à concevoir, par la prière, et ainsi elles n'enfanteront pas dans la chair et dans le sang seulement. 2° Ayant conçu,

Marie pratique la charité en visitant Elisabeth.
O mères ! si vous voulez attirer les bénédictions
célestes sur votre fruit, préparez-vous à l'enfan-
tement par l'exercice de la charité. 3° Marie en-
fante dans une étable ; elle n'avait ni berceau
magnifique ni langes précieux pour son Fils.
Grande leçon pour les mères qui n'ont pas le
cœur fort, qui craignent trop la souffrance pour
leurs enfants et qui les amollissent par une
fausse tendresse. A quarante ans, leurs fils ne
sont pas encore des hommes ; à quatre-vingts
ans, leur enfance n'a fait que vieillir. Là est
une des causes principales de l'abaissement des
caractères en France. 4° Marie se souvient que
son Fils est à Dieu ; elle le présente au temple
et au prêtre. Si vous retirez vos fils du temple
et du prêtre, vous les donnez forcément au
diable, et ils ne vous appartiennent plus. Mais
si vous les donnez à Dieu, ils seront à vous plus
complètement. 5° Marie ramène son Fils du
temple chez elle, et le garde dans le travail et
dans l'obscurité jusqu'à l'âge de trente ans. De
là un double exemple : d'humilité d'abord. Combien de mères, quand leur fils a douze ans,
veulent qu'on l'admire comme un chef-d'œuvre !
Ensuite, exemple d'énergie : donnez à vos en-

fants une éducation virile par le travail, et craignez pour eux l'oisiveté qui les perd, et le monde qui les séduit.

Nous avons donné, dans ce chapitre, une large place aux discours de nos prédicateurs. C'est qu'ils forment, tout à la fois, le trait saillant de la traversée et le côté vraiment original du voyage. Puis, nous l'avons déjà fait entendre, c'était, avec l'adorable sacrifice, le moyen indispensable pour entretenir parmi les pèlerins cet esprit surnaturel sans lequel ils n'eussent été que des voyageurs vulgaires. Quand les croisés de Pierre l'Ermite ou de saint Bernard s'élançaient à la conquête du saint sépulcre, il leur arriva plus d'une fois d'oublier, chemin faisant, le but de leur héroïque entreprise. On en vit plusieurs, vaincus par la fatigue ou séduits par le plaisir, s'arrêter dans les contrées qu'ils traversaient et y planter leur tente. Les pèlerins de la *Guadeloupe* et de la *Picardie* n'avaient garde de perdre de vue la pensée des lieux saints; la parole de Dieu et l'eucharistie stimulaient en eux les saints désirs; Jérusalem restait leur idée dominante. Que de fois ce soupir s'est échappé de leurs cœurs : « *Quando veniam et apparebo :* ô Jérusalem, quand pourrai-je enfin te contempler ? »

Ce fut donc une joie universelle lorsque, dans la journée du 4 mai, l'on apprit que nous arriverions le lendemain, de bonne heure, au port de Kaïffa.

Le soir, une superbe instruction du P. Bailly couronna la série des prédications ; ce fut aussi le sermon de clôture de la retraite préparatoire à la visite des lieux saints. Il était convenable qu'un fils de Saint-Augustin prît la parole au jour de la fête de sainte Monique ; le P. Bailly sut parfaitement s'inspirer des circonstances. Sainte Monique a enfanté saint Augustin à la grâce par sa foi. A nous qui voulons rendre à la France la vie qu'elle a perdue, il nous faut aussi la foi, une foi ardente, une foi vivifiée par la charité. Cette foi nous deviendra plus nécessaire pendant notre séjour en Palestine. Nous ne verrons que dévastation et que ruines ; rien qui exalte l'imagination, aucun monument fameux, aucune pyramide. Mais, à travers cette désolation qui règne partout, la foi nous montrera le pays où Jésus a passé son enfance et sa vie, les sentiers qu'il a parcourus avec Marie et Joseph, le sol qui a reçu ses larmes et son sang. De cette foi naîtra l'amour, qui se prouve par le sa-

crifice. Nous avons peu souffert jusqu'ici, atten-
dons-nous à des souffrances plus vives. Arrière
les satisfactions égoïstes et les préoccupations
trop naturelles ! Que nos intentions soient pures
en arrivant en terre sainte ! Ah ! sentons-nous
augmenter en nous-mêmes le poids écrasant de
la divine charité, comme ce pèlerin qui mourut
d'amour en collant ses lèvres à la pierre où Jésus posa le pied quand il s'éleva au ciel !

En écoutant cette parole apostolique, les
cœurs s'embrasaient comme ceux des deux disciples d'Emmaüs, et les prières montaient vers
Dieu toujours plus ardentes. Pendant cette dernière nuit, la garde d'honneur fut plus nombreuse. N'était-il pas juste de remercier Jésus-
Christ, par un redoublement de zèle, d'une
traversée qui menaçait d'être orageuse et qui
avait été magnifique au delà de toute espérance ?

Kaïffa ! Le Carmel ! La Palestine ! Dès l'aube,
ces exclamations retentissent sur le pont et pé-
nètrent jusqu'au fond des cabines. Nous étions
en rade, en effet, depuis deux heures du matin. Les cabines sont vides en un clin d'œil, et
bien avant l'heure réglementaire du lever.
Toutes les physionomies rayonnent de bonheur.
On se félicite, on bénit Dieu, on contemple avec

ravissement, on fouille du regard tous les re-
coins, toutes les collines, tous les arbres de ce
continent sacré. Du côté de l'Orient, à une distance d'un kilomètre, la petite ville de Kaïffa
étale ses jolies maisons blanches. Çà et là, dans
la campagne, des bosquets d'oliviers en fleurs.
Au nord-est, bien loin, le grand Hermon, couvert de neige. Et ce petit cours d'eau qui ser-
pente dans la plaine, de ce même côté, c'est le
Cison, que les prophètes ont chanté. Mais ce
qui captive les yeux par-dessus tout, c'est le
monastère du Carmel, bâti sur la pointe la plus
élevée de ce mont célèbre, à une demi-lieue de
Kaïffa.

Avant de procéder au débarquement, il y a
de longues formalités à remplir. Déjà le médecin
de l'équipage s'est rendu auprès des autorités
turques de la ville, afin de rendre témoignage
de l'état sanitaire des passagers. On voit une
barque se détacher du rivage, elle se dirige
rapidement vers nous. De jeunes Arabes au
teint basané manient les rames avec une dextérité surprenante. A mesure qu'ils approchent,
nous distinguons parmi eux un franciscain, un
carme, notre médecin, et un homme vêtu à la
française, que l'on dit être le consul. Ils nous

apprennent qu'à la demande du consul général
de France à Beyrouth, l'aviso de guerre français
le Voltigeur est arrivé hier en rade pour protéger les pèlerins. Peu de temps après, les offi-
ciers du *Voltigeur* rendaient visite à l'état-major
de la *Guadeloupe*, et confirmaient cette bonne
nouvelle.

Vers dix heures, la *Picardie* apparaît, revenant de Jaffa, où elle avait dû prendre l'agent de
la Compagnie Cook. Sa marche avait été plus
rapide que la nôtre. Bien que la *Guadeloupe* ait
levé l'ancre la première dans les eaux de Marseille, la *Picardie* nous avait atteints, puis dé-
passés dès le second jour. Nous ne devions
nous retrouver tous réunis qu'au monastère du
Carmel.

Divers petits bateaux arrivent par intervalles.
Ce sont des Arabes qui apportent des fruits, des
œufs, des ombrelles, et autres provisions de
bouche et de voyage.

Le débarquement est fixé à une heure. Chacun fait ses derniers préparatifs. Presque tous
se sont munis d'un manteau blanc et d'une
coiffe de même couleur, pour se mieux protéger contre les chaleurs excessives de l'Orient.

CHAPITRE III

LE CARMEL

A l'heure indiquée pour le débarquement, une demi-douzaine de bateaux entouraient la *Guadeloupe*, pour transporter à terre les passagers. Chacun d'eux pouvait contenir trente à quarante personnes. On avait tenté, les jours précédents, de former des groupes. Un groupe comprenait cinquante pèlerins et se divisait en cinq dizaines ; il y avait les chefs de groupe et les chefs de dizaine ; on les reconnaissait les uns et les autres à leurs croix, un peu différentes entre elles et différentes aussi du type commun. Ils avaient diverses attributions, dans un but d'ordre et d'intérêt général. Chaque groupe devait avoir son heure et son rang pour descendre à terre. Mais, soit que les pèlerins se soient laissé entraîner par un empressement vraiment fébrile, soit pour d'autres raisons, on s'inquiéta peu des dispositions prises, et l'on se jeta dans les bateaux, tout à fait au hasard, mais sans le moindre désordre. Aussitôt que le personnel était au complet, le bateau s'élançait vers le rivage, se déchargeait, et revenait au navire pour un nouveau chargement. Cette opération ne dura guère plus de deux heures.

Une foule de Bédouins et d'indigènes, aux costumes les plus variés, suivaient d'un œil curieux tous ces mouvements.

On se dirige successivement vers la chapelle catholique, dont la petite cloche faisait entendre ses plus joyeuses volées. Une indicible émotion domine toutes les âmes. On se prosterne et l'on couvre de baisers innombrables ce sol trois fois béni. Les larmes de la joie se mêlent aux cantiques de l'action de grâces. Et quand les derniers débarqués nous ont rejoints, un Père annonce que les pèlerins vont continuer leur marche, en procession, jusqu'au monastère, dont nous sommes distants d'une demi-heure. Il était quatre heures du soir, la chaleur était forte, mais supportable. Ceux dont la valise ou la besace étaient trop lourdes les confient à des Arabes qu'ils font marcher à côté d'eux. Nous nous engageons dans un chemin assez large, mal entretenu, montueux, rocailleux ; et pourtant c'est une des plus belles routes de toute la contrée. Les habitants du pays font la haie à droite et à gauche. Pauvres femmes déguenillées, pauvres enfants en haillons, pauvres êtres dégradés qui ne connaissez ni Jésus-Christ, hélas ! ni la vierge Marie, puissent nos prières vous obtenir le don de Dieu !

Au bout de quelques minutes, nous étions hors de la ville, et nous traversions la colonie prussienne qui s'est fondée à Kaïffa dans ces dernières années, au lendemain de la malheureuse guerre de 1870, pour contre-balancer, assure-t-on, l'influence française. L'hérésie nous apparaissait ainsi à côté de l'infidélité, et jetait dans nos cœurs un nouveau nuage qui faisait souffrir notre foi non moins que notre patriotisme. Encore une prière pour nos frères séparés !

La colonie protestante, dont les maisons bâties à l'européenne contrastent avec les constructions musulmanes de Kaïffa, possède un assez vaste terrain, très fertile et parfaitement cultivé. Ce terrain est limité, au sud-est, par la montagne, qui, en cet endroit, devient tout à coup plus abrupte. C'est ici que commence la véritable ascension du Carmel. On continue néanmoins les chants et les prières. Tandis que les uns répètent les belles strophes de l'*Ave, maris stella*, ou les cantiques à Marie connus de tous, les autres récitent en chœur le rosaire. A mi-chemin, nous rencontrons les marins du *Voltigeur*, qui avaient voulu, eux aussi, rendre leurs hommages à Notre-Dame du Mont-Carmel. La procession s'arrête un instant pour fraterniser avec ces braves enfants de la France; ils étaient pour nous l'image de la patrie, image d'autant plus chère que nous en étions plus éloignés. Puis on se sépare aux cris redoublés de vive la France! vivent les marins! vive le *Voltigeur!* et les rangs se reforment en silence. L'air était embaumé des plus exquises senteurs; toute cette montagne est couverte de plantes aromatiques et de fleurs charmantes. Mais on n'y voit pas un grand arbre; il n'y a que des arbustes et des buissons.

Ces plantes qui se penchaient doucement de notre côté, ces fleurs aux nuances si pures qui nous prodiguaient leurs sourires, étaient pour un grand nombre une tentation irrésistible. Comment se défendre d'en saisir quelques-unes au passage, alors qu'il suffisait d'étendre la

4

main, ou même de sortir des rangs l'espace
d'une minute ? Au prochain courrier, plus d'une
lettre recélera dans ses plis les feuilles odo-
rantes et les pétales fanés recueillis avec
amour sur la sainte montagne pour des absents
bien-aimés.

Enfin nous atteignons la cime du Carmel, où
le monastère est bâti, et nous avançons jusque
dans l'église, superbement décorée et resplen-
dissante de lumières. L'orgue fait entendre ses
graves accents, le salut solennel commence, et
la bénédiction de Jésus-Christ anéanti dans
l'hostie descend sur cinq cents pèlerins prosternés. Il était cinq heures du soir. A ce moment, la *Picardie* achevait de débarquer, pour
suivre le même itinéraire et nous rejoindre
deux heures plus tard. Un drapeau français dé-
ployait ses vastes plis sur le point le plus cul-
minant du monastère, la cloche sonnait toujours, comme celle de Kaïffa, pour fêter notre
présence. La joie était partout, au bas de la
montagne ainsi qu'à son sommet, dans les pro-
fondeurs sereines de l'espace et sur la mer en-
dormie ; mais cette joie extérieure de toute la
nature pâlissait devant l'allégresse de nos
cœurs.

Nous avions été devancés, en Palestine, par un pèlerin qui porte un nom cher à la religion : M. Tardif de Moidray. Ce vrai soldat de toutes les saintes causes avait accepté la rude mission de prévoir et d'aplanir les difficultés matérielles et autres qui pouvaient surgir ou plutôt qui sont inévitables dans un voyage aussi périlleux. Il fut, en maintes occasions, notre providence visible. Par ses soins, les provisions de bouche ne firent pas défaut au Carmel ; il avait, d'ailleurs, trouvé chez les Pères des auxiliaires intelligents et dévoués. Sur la terrasse, une des plus belles que l'imagination puisse rêver, on avait disposé de longues tables pour notre repas du soir. Elles sont promptement entourées ; l'air un peu vif du crépuscule avait aiguisé l'appétit. Des jeunes gens du pays, amis des religieux, font le service ; quelques dames, délicates à l'excès, interrogent d'un œil légèrement inquiet leurs mains, dont la couleur noire est peut-être équivoque. Du riz, des figues, un pain exquis, un vin de choix, une eau fraîche et limpide, je ne sais quoi encore, tel est le menu, auquel tous font le plus parfait accueil. Dans les repas qui suivront, vous trouverez, en outre, à discrétion, viande et café de la meilleure qualité. Qu'importent, après cela, les mains noires des serviteurs et la vaisselle en fer battu?

Tout était terminé lorsque arrivent nos frères de la *Picardie*, que nous n'avions pas revus depuis Marseille. Voici le P. Picard, avec M. de Belcastel, connu de tous ; M. de Lacroix, cet intrépide champion — sans peur et sans reproches, lui aussi — de la cause catholique ; M. de Coupigny, poète aimable; voici le P. Marie-Antoine, franciscain de Toulouse, candidat malgré lui aux dernières élections, où il avait failli faire échec au trop célèbre ex-ministre Constans : il avait rempli sur la *Picardie* le rôle du P. Mathieu sur la *Guadeloupe*. Son éloquence, puisée aux sources les plus pures du zèle et de la charité divine, nous réservait à Jérusalem des jouissances ineffables. On accourt sur leur passage, et des acclamations réciproques se font entendre : Vive la *Picardie* ! — Vive la *Guadeloupe!* — Vive le P. Picard ! — Vive le P. Bailly! — Vivent les pèlerins ! — Les mêmes cérémonies recommencent, suivies d'un semblable repas.

De part et d'autre, on se raconte les faits les plus saillants de la traversée. Le mal de mer a peut-être été plus intense sur la *Picardie* ; à cela près, mêmes exercices, même règlement, même esprit. Tout à coup les conversations s'interrompent, une vive lueur éclaire la terrasse. — Le feu au monastère ! s'écrie quelqu'un. — Ce n'était qu'un feu de joie, une illumination sur la plate-forme du bâtiment ; agréable surprise que les bons Pères avaient voulu nous ménager.

Nous étions dès lors en face d'un problème dont la solution paraissait impossible à plusieurs. Comment abriter pour la nuit un si grand nombre de personnes, qui toutes sont accablées de fatigue et sentent le besoin d'un sommeil réparateur ? Où sont les lits, et, à défaut de lits, les simples matelas qu'on nous avait fait espérer ? Hélas ! par suite d'une méprise inexpliquée et qui ne fut pas la seule — Dieu le voulant ainsi pour donner à ce pèlerinage de pénitence son vrai cachet — nous n'étions attendus que pour le surlendemain. (Je tiens le fait de la bouche même d'un des religieux du Mont-Carmel.) Voilà pourquoi les préparatifs n'étaient point achevés. On prie les dames de la *Guadeloupe*, comme étant arrivées les premières, de descendre à Kaïffa, dans la maison des sœurs

4*

de Nazareth, qui doivent les attendre. Mais là encore on n'était pas en mesure, on ne pensait non plus les recevoir qu'un jour plus tard. Force leur fut de frapper aux portes des misérables hôtels de la ville, et de subir les cruelles morsures d'une nuée d'insectes, dont les moustiques n'étaient pas les plus répugnants.

Le départ de ces dames, qui s'étaient résignées avec une patience héroïque à cette contremarche d'une demi-heure en pleines ténèbres, dans le chemin tortueux que nous avons dit, n'avait fait que simplifier la question sans la résoudre. Mais l'esprit de pénitence et de charité suffit à tout. Ceux qui se croient les plus forts ou qui sont les plus courageux laisseront les lits et les matelas aux plus âgés, aux plus las, aux plus infirmes. Ils chercheront une place, n'importe où, dans les corridors, dans les sacristies, ou même dans le lieu saint, et s'envelopperont dans leur couverture de voyage pour dormir, s'il est possible, à la garde de Dieu et de saint Elie. Bientôt l'église est convertie en dortoir ; le marchepied même du maître-autel est encombré de pèlerins vaincus par la fatigue. D'autres, n'écoutant que les saintes ardeurs de leur piété, passent la nuit en prières. Tous les autels, au

nombre de sept ou huit, sont entourés de prêtres qui se préparent à célébrer dès l'heure de
minuit.

Le lendemain 6 mai, il y eut encore autant
de messes que de prêtres, et le nombre des communions fut égal au nombre des fidèles. C'était
une sorte de prodige de voir, après une nuit
pareille, où beaucoup n'avaient pu dormir, cette
foule si alerte et si décidée : on aurait dit que la
nature avait cédé de ses droits, et que sur la
terre des miracles nous jouissions d'une force
et d'une santé miraculeuses.

A neuf heures, la messe solennelle réunissait
tous les pèlerins à l'église. Naturellement, la
parole, ce jour-là, était aux religieux du Carmel ;
ils possédaient au milieu d'eux un Français, une
victime des expulsions, que ces titres dési-
gnaient à leur choix. Le jeune carme s'avance
à l'extrémité du chœur ; mais son émotion était
si forte que, dès le début, il ne put retenir ses
larmes : « Vous êtes pour moi, dit-il, comme
une apparition de la patrie ; je retrouve la
France pour la première fois. » L'auditoire répond par des sanglots.

Qu'avait fait ce proscrit ? Il avait osé pratiquer, en France, la perfection évangélique :

c'est un crime, paraît-il, que l'exil seul est capable d'expier ; et il a dû fuir, comme autrefois Elie, son père, devant la colère de Jézabel. Jézabel, c'est la révolution, qui veut que tout genou fléchisse devant sa tyrannie ; mais, comme aux temps antiques, Dieu donnera encore aux siens un front d'airain, et les armera toujours du glaive de sa parole pour soutenir tous les assauts et abattre tous leurs ennemis.

Ces souvenirs de l'histoire sainte se présentaient d'eux-mêmes à l'esprit, sur une montagne où la mémoire du prophète Elie est toujours vivante. Toute la journée du 6 mai fut consacrée à visiter ces lieux célèbres. L'église du couvent, qui d'ailleurs ne présente rien de remarquable, est construite sur la grotte d'Elie, ainsi appelée parce que le prophète y habita ; on dit même que c'est de là qu'il sortit, lorsqu'il fut enlevé au ciel sur un char de feu. C'est la crypte qui se trouve sous le maître-autel ; un grand nombre de prêtres ont voulu y célébrer. A l'entrée de l'église, on voit la statue d'Elie, et plusieurs peintures murales où sont reproduits quelques-uns de ses miracles. La pierre de l'autel majeur est celle où il prenait son sommeil. Nous évoquons les principaux traits

de sa vie. C'est dans ces lieux mêmes qu'après
avoir confondu les prêtres de Baal en présence
du peuple d'Israël, il fit descendre le feu du
ciel sur son holocauste ; puis, sur son ordre, le
peuple s'étant emparé de ces faux sacrificateurs,
au nombre de quatre cent cinquante, Elie les
conduisit au Cison, que nous apercevons là-bas,
à nos pieds, et les fit égorger. C'est ici que ce
grand serviteur de Dieu, par la ferveur de sa
prière, fit cesser la sécheresse qui désolait la
terre depuis trois ans et six mois, et qu'il envoya son disciple Elisée regarder sept fois du
côté de la mer, jusqu'à ce qu'enfin celui-ci aperçut une nuée se lever sur les eaux, d'abord
faible comme la trace du pied de l'homme, mais
grandissant bientôt et couvrant le ciel, pour se
répandre ensuite en une abondante pluie. Prenons maintenant le sentier occidental, qui tombe
directement sur la plage ; après dix minutes de
marche, nous rencontrons sur la gauche une caverne : c'est encore une des retraites du prophète. Rien pourtant ne la signale au respect
des étrangers, si ce n'est la tradition. Un peu
plus loin, à quelques pas du sentier, une chapelle à demi ruinée : c'est la chapelle de saint
Simon Stock, si fameux par la vision dans la-

quelle la sainte Vierge lui révéla la dévotion du scapulaire, en l'assurant que ceux qui porteraient ce vêtement à leur mort seraient préservés de l'enfer. Nous arrivons, un quart d'heure après, à l'*Ecole des Prophètes*, grotte spacieuse, où la nature a fait presque tous les frais. C'est une sorte de carré long, mesurant près de vingt pieds de hauteur ; quatre cents personnes y seraient à l'aise. Comme son nom l'indique, Elie rassemblait dans ce lieu ses disciples pour les exercer dans l'oraison, dans la pénitence, et surtout dans la divine science des Ecritures. Mais ce qui le rend encore plus vénérable, c'est qu'il servit d'asile à la sainte Famille lorsqu'elle revint d'Egypte à Nazareth. Pourquoi sommes-nous forcés d'ajouter qu'après avoir été convertie en chapelle pendant de longs siècles, elle sert de mosquée aux musulmans depuis près de deux cents ans ? Un cimetière turc lui est annexé.

Nous retournons au monastère, et nous nous arrêtons sur la terrasse, d'où l'on jouit d'une vue véritablement féerique. Au nord, Saint-Jean-d'Acre, que les croisades ont rendu si célèbre, et sa magnifique rade. A l'ouest, la mer, dont nous n'avons jamais si bien mesuré le vaste empire. Un jour, ces mêmes flots portaient l'armée de saint Louis, pressé de retourner en France après la mort de la reine, sa mère. Une tempête furieuse s'élève et l'oblige à s'arrêter en face du Carmel. Il se hâte de mettre ce contretemps à profit; de guerrier il se fait pèlerin, et apporte dans ce sanctuaire le tribut de ses prières et de sa munificence. O roi! la tempête a renversé votre trône et brisé votre couronne, parce que vos descendants s'étaient écartés de vos glorieuses traces. Puissions-nous reprendre bientôt le sentier lumineux que vous avez suivi, afin d'obtenir de Dieu que le calme succède à l'orage, et que ce royaume, qui vous est cher, voie se lever encore pour lui des jours sereins!

On nous indique encore, dans la direction du sud, le champ des martyrs. Le désastre d'Hattine, en 1291, fut le signal d'épouvantables massacres, auxquels les religieux du Carmel ne pouvaient échapper. On les conduisit en grand nombre dans ce champ, et ils y furent égorgés jusqu'au dernier.

Mais les moines, d'après une expression célèbre, sont comme les chênes; ils repoussent toujours. L'histoire du couvent que nous avons

sous les yeux en est une preuve saisissante. C'est
dans cette solitude que la vie monastique a pris
naissance, sous les auspices du prophète Elie,
le véritable fondateur des Carmes. Ils furent les
premiers à se convertir au christianisme, les
premiers à bâtir une église dédiée à la vierge
Marie, à celle dont la beauté est comparée par
l'Esprit-Saint à la beauté du Carmel ; à celle que
figurait la nuée qui mit fin à une longue sécheresse. Depuis lors, que de fois l'enfer a pensé
les détruire ! Ni la férocité des Sarrasins, ni la
déroute définitive des croisés, ni le fer et le feu
des Turcs, n'ont pu les déconcerter. En 1799,
un pacha plus haineux que les autres chassa les
religieux, détruisit leur couvent, et s'y fit bâtir
une maison de plaisance. Aujourd'hui le pacha
a disparu, le couvent est reconstruit, la maison
de plaisance du persécuteur est remplacée par
une hôtellerie spacieuse pour les pèlerins, et sur
les murs de cette hôtellerie un phare est allumé
chaque soir par les soins des Pères. J'aime ce
phare qui brille dans les ténèbres, à côté du
monastère. Fils d'Elie, les voyageurs surpris par
la nuit au milieu des flots regardent votre lumière et ne s'égarent point. Pendant que les
vagues mugissent à vos pieds, vous restez dans

la paix, à l'ombre de Notre-Dame du Mont-Carmel. Avec vous nous vénérons l'antique statue que vous avez réussi à préserver; elle est votre trésor et votre gardienne. Nous la conjurons de nous garder nous-mêmes, de bénir nos pas, de protéger notre retour, et de nous rendre victorieux contre les ennemis du salut, qui sont ses propres ennemis!

Le monastère du Mont-Carmel, le plus grand et le plus beau de toute la Palestine, ne compte présentement que neuf religieux, de nationalité diverse. L'un d'eux est un juif converti, avec qui je fis connaissance de la manière la plus inattendue. Après mon insomnie de la dernière nuit, je me sentais à bout de forces, et je demandai à un confrère qui passait de me trouver un lit pour la nuit suivante. Il me conduisit dans le corridor des Pères. Nous frappons à la première porte qui se présente; un vieillard vient ouvrir et me contraint d'accepter son lit sans plus d'explications. C'était le juif en question. Je n'ai jamais mieux dormi de ma vie.

CHAPITRE IV

NAZARETH

On avait fixé le lever à quatre heures. Il fallait partir de grand matin, car nous avions une rude étape à parcourir. Nous devions coucher à Nazareth.

Après la consécration à Notre-Dame du Mont-Carmel, prononcée par le P. Picard et répétée à haute voix par l'assistance, les pèlerins se séparent de nouveau en deux groupes, pour ne se retrouver tous que dans la ville sainte. Les uns, au nombre de trois à quatre cents, vont redescendre à Kaïffa, pour se rendre par mer jusqu'à Jaffa, d'où ils se dirigeront immédiatement sur Jérusalem ; le P. Emmanuel Bailly est à leur tête. Tous les autres se sont fait inscrire pour Nazareth ; l'Ecole des Prophètes a été désignée à ceux-ci comme point de ralliement.

La plage, tout à proximité, présentait une animation extraordinaire et un aspect des plus étranges. Plus de six cents chevaux, ânes et mulets, étaient là pêle-mêle, attendant l'heure du départ. Il y avait aussi quelques voitures, réservées à un petit nombre d'élus. On avait promis aux pèlerins, dans des circulaires séduisantes, qu'ils auraient pour les excursions en Palestine des chevaux superbes, avec selle anglaise et harnais irréprochables. Quel désappointement fut le nôtre, en face de la triste réalité qui frappait nos yeux ! Trois espèces de montures en gradation descendante, et quelles montures ! A ce cheval il manque des étriers ; à cet autre, des rênes ; celui-ci est dépourvu tout à la fois de rênes et d'étriers. Les mulets et les ânes sont encore plus disgraciés. En guise de selles, des guenilles d'Arabes, ou bien, de loin en loin, des matelas sur lesquels il sera très difficile de se hucher. En somme, à part cinquante à soixante chevaux réservés, tromperie insigne d'un côté, et, de l'autre, déconvenue complète. On dit que le P. Picard, à cette vue, fut saisi d'effroi et poussa cette exclamation : « Mon Dieu ! nous aurons ce soir cinquante bras ou jambes fracturés ! » Il fallait pourtant prendre son parti, toute discussion devenant inutile. Les plus habiles s'emparent des meilleurs che-

vaux ; les novices dans l'art de l'équitation s'a-
dressent de préférence aux mulets ; les dames et
les peureux, aux ânes ; les inexpérimentés cherchent au hasard une monture au tempérament
paisible, sauf erreur. Les infirmes se réfugient
sur les cacolets, et les vieillards des deux sexes
montent en voiture.

La *Picardie* en avant ! C'est l'agent de la so-
ciété Cook qui fait cette injonction, mais sans
succès. A peine la caravane s'est-elle ébranlée,
que les plus ardents coursiers prennent les devants, sans le moindre respect de l'autorité anglaise, sans distinction de *Guadeloupe* ni de *Picardie*. Les cavaliers qui veulent pratiquer
l'obéissance font d'inutiles tentatives, les uns
pour prendre les devants, les autres pour
rester en arrière. L'agent, découragé, constate
bien vite qu'à de rares exceptions près, la bête
conduit l'homme, et l'homme n'a qu'à se laisser
mener. Pendant ces mouvements divers, un des
chevaux d'attelage s'abat, et ses quatre pieds
commencent une gymnastique peu rassurante.
A la garde de Dieu !

Depuis le Carmel on traverse Kaïffa pour gagner Nazareth ; il y a huit heures de route. Au
moment où l'on quitte la plaine pour s'engager

dans les montagnes de la Galilée, les voitures
qui nous accompagnent obliquent à droite,
tandis que les cavaliers prennent les sentiers de
traverse. Mais n'anticipons pas. Avant cette sé-
paration passagère, nous avions pris ensemble
le repas de midi, qui mérite une mention parti-
culière. Comme les repas des jours suivants,
jusqu'à notre entrée à Jérusalem, devaient res-
sembler à celui-ci, la description qu'on va lire
servira pour tous les autres.

Donc, il était midi, lorsque la caravane attei-
gnit Djedda, village musulman bâti sur le penchant d'une colline. C'était le lieu choisi pour la
halte. Les pèlerins, cavaliers improvisés pour la
plupart, et qui avaient chevauché à travers gués
et marécages pendant quatre heures, à titre
d'essai, ne se font pas prier pour descendre ;
ils avaient les membres enraidis et comme bri-
sés. De leur côté, les domestiques étendent sur
la terre nue des tapis longs et étroits, sur lesquels ils déposent les rations, en nombre égal à
celui des pèlerins. Du pain, des œufs cuits à
l'avance, des sardines, de la volaille froide, du
fromage, des oranges, etc., de l'eau pure. Mais
la chaleur est tellement atroce, qu'il faut s'armer
de courage pour attaquer ce menu ; l'appétit fait

défaut, il ne reste plus que la sensation de la soff. Au reste, pas un arbre autour de nous, pas le moindre ombrage, aucune tente pour nous défendre du soleil, le pain rôtissait dans la main, l'eau fumait dans les verres de métal. On invoque, comme au départ, les belles promesses des circulaires, d'après lesquelles nous étions en droit de compter sur le vin et le café ; quelques murmures se font entendre. Mais que peuvent ces plaintes contre le flegme anglais ? A partir de demain, il est vrai, des marchands s'attacheront à nos pas pour nous vendre au poids de l'or des vins du pays, d'un goût détestable. Il est encore de règle de dresser des tentes dans tous les lieux de campement, pour préserver de l'insolation ceux qui visitent ces contrées ; cette précaution fut négligée plusieurs fois à notre égard, et si la maladie, si la mort ne nous a point frappés dans nos courses à travers la Galilée et la Samarie, nous le devons à l'intervention manifeste de la Providence.

Cependant on donne l'ordre de remonter à cheval ; notre halte n'avait duré qu'une heure. Les Arabes, qui nous accompagnaient en nombre considérable, soit pour les besoins du service, soit comme propriétaires de nos montures, se jettent comme des fauves sur les débris du repas, dont ils font ample provision. Puis nous poursuivons notre route à travers d'interminables défilés. Les montagnes, que nous traversons lentement, sont tantôt arides et tantôt verdoyantes. D'aussi loin qu'ils nous aperçoivent, les habitants du pays accourent sur notre passage. Parfois ils offrent à des prix exorbitants un rafraîchissement vulgaire ; plus souvent ils tendent la main dans l'espérance d'obtenir une aumône, parce que, comme nous l'avons su plus tard, l'Européen qui voyage est, à leurs yeux, un grand seigneur en même temps qu'un grand sot.

Les montagnes succèdent aux montagnes, et peu à peu l'aspect du pays prend un ton plus sévère. Tout à coup ceux de l'avant-garde poussent un cri de joie : Le Thabor ! voilà le Thabor ! En effet, le Thabor était devant nous, à quelques lieues ; on sait qu'il surpasse en hauteur et en beauté les monts environnants, aussi le reconnaît-on facilement à ces caractères. Non loin du Thabor, nous saluons aussi la montagne des Béatitudes, qui nous jette, à travers dix-neuf siècles, avec une puissance que nous n'avions pas connue, l'écho des enseignements divins sur la science et les secrets du bon-

heur. Cette vue et ces pensées sont un rafraîchissement à nos âmes. Maintenant nous n'a-
vons plus qu'à descendre. Nazareth reste invisible, mais il est proche. Le chemin devient si
mauvais, la pente si rapide, que plusieurs préfèrent mettre pied à terre, dans la crainte d'être
précipités sur les rochers luisants, où nos montures menacent de glisser à chaque pas.

Enfin, à notre gauche, sur le flanc d'une
montagne, Nazareth apparaît. Dans le centre
de la ville, une église neuve, aux murs éclatants
de blancheur ; c'est, à n'en pas douter, la basilique de l'Annonciation. Au fond de ce charmant tableau, on découvre une vaste construction, qui
domine toutes les autres. C'est un monastère,
sans doute ? Non, c'est une école protestante,
bâtie dans ces dernières années. Ainsi, l'hérésie
cherche à répandre partout son venin, les disciples de Luther ont envahi jusqu'au domicile
de la sainte Famille.

A l'entrée de Nazareth, le camp, tout émaillé
de drapeaux aux couleurs de la France, de l'An-
gleterre et de la Turquie, offrait le plus gracieux coup d'œil. Il était temps d'arriver, car
le jour baissait, la fatigue était extrême, aussi
bien pour les montures que pour les cavaliers.

Nous comptions être introduits au camp sans délai et sans conteste; la chose allait de soi, puisque nous étions tous munis de billets dûment signés et quittancés pour Nazareth. Mais l'agence l'entendait autrement, et force fut de subir la rude opération du contrôle. Cette mesure inattendue, interminable, et, il faut le dire aussi, blessante pour l'honneur des pèlerins, provoqua des murmures unanimes. Nos forces et notre patience étaient à bout; la rosée qui tombait au milieu des ténèbres, la fraîcheur de la nuit, inspiraient de légitimes inquiétudes. Si l'on voulait contrôler nos droits, n'était-il pas plus sage et plus humain de nous laisser entrer d'abord sous les tentes, où nous aurions pris le délassement et le reconfort dont nous avions un si pressant besoin, et, dans le cas où quelque fraude se serait produite, de la constater ensuite et d'infliger au coupable, outre la peine de l'exclusion, une amende sévère? D'ailleurs, employer un semblable procédé, c'était mettre en question la prudence de nos directeurs et leur loyauté même.

Il était neuf heures du soir quand les derniers contrôlés furent introduits. Par bonheur, un dîner confortable les attendait; on fit surtout hon-

5*

neur à un excellent potage, et il en fut de même
tous les soirs pendant la période des excursions.

Les paupières commençaient à s'appesantir.
L'agence s'était procuré des lits en quantité suf-
fisante ; mais la distribution en fut faite avec si
peu d'ordre, que plusieurs pèlerins, s'imagi-
nant que c'était comme au Carmel, prirent le
parti de s'envelopper dans leur couverture de
voyage, et de s'étendre par terre avec leur valise pour oreiller. Notre sommeil fut souvent
interrompu par les cris sauvages des Arabes
préposés à la garde du camp et par les aboie-
ments obstinés des chiens. Mais, malgré tout,
la pensée que nous étions dans un des lieux les
plus saints du monde ranima l'énergie des
plus faibles, et quand le jour parut, le camp
était désert ; tous les pèlerins se trouvaient réunis à l'église de l'Annonciation.

Rappelons à grands traits l'histoire de ce
sanctuaire. Constantin, après sa conversion,
combla les lieux saints de ses largesses impé-
riales. Comme à Bethléem, comme au Calvaire,
il donna l'ordre de construire sur la maison de
la sainte Vierge, à Nazareth, une basilique dont
la magnificence et les dimensions seraient en
rapport avec la grandeur du mystère qui s'y

était accompli. Elle fut renversée par les Sarrasins. Les croisés l'avaient restaurée ; mais après
leur domination éphémère, l'impitoyable mar-
teau des musulmans la détruisit une seconde
fois. Alors Dieu suscita dans son Eglise une mi-
lice nouvelle, qu'il arma non pas de lances
et d'épées, mais de confiance, de courage, de
patience, pour reconquérir sur le Croissant des
sanctuaires si chers à la piété chrétienne. On
vit les pacifiques enfants de Saint-François
planter leurs tentes à côté de ces ruines, et là,
sentinelles avancées de la religion, attendre
l'heure de la Providence. Expulsés, ils dispa-
raissaient un instant pour revenir encore ; égorgés, leurs frères accouraient pour les remplacer
à ce poste de martyre. Leur attente dura plus
de trois siècles ; en 1620, il leur fut permis de
reconstruire l'église, mais dans des proportions
bien moindres que l'enceinte primitive. Ils éle-
vèrent aussi un couvent, attenant à l'édifice, et
où l'on voit encore des vestiges de l'ancien monument. Ils sont maintenant sous la protection
de la France, comme toutes les maisons religieuses de l'Orient.

La basilique de l'Annonciation, quoique ré-
duite, est encore très vaste et très belle. On y

distingue trois étages, comme dans l'église du
couvent de Saint-François, à Assise. D'abord
l'étage ou l'église supérieure, où se trouvent le
maître-autel et un chœur spacieux ; on y monte
par un double escalier, qui prend naissance dans
l'église proprement dite, au niveau du sol.
Celle-ci est un vaisseau à trois nefs; les murs in-
térieurs et les colonnes sont revêtus de marbre
blanc. Mais le principal attrait se trouve dans
l'église inférieure, où l'on descend par un large
escalier de quinze marches, également en marbre blanc ; cet escalier est pratiqué au milieu
de l'église, à l'extrémité de la grande nef, devant le chœur de l'étage supérieur. L'église inférieure ou la crypte occupe l'emplacement de
la sainte maison, qui se composait d'une pièce
principale et d'une grotte. Cette pièce principale
était, à proprement parler, la maison de la
sainte Famille. Elle a huit mètres de longueur
et deux mètres soixante-dix centimètres de largeur. Personne n'ignore qu'un jour elle disparut tout à coup, sans que l'on puisse s'expliquer
le prodige ; et dans le même temps que les habitants de Nazareth, stupéfaits, se demandaient ce
qu'était devenue la *santa casa* ; la stupéfaction
n'était pas moindre parmi ceux de la Dalmatie,

où elle avait été transportée miraculeusement
par une force invisible. La Dalmatie, à son tour,
perdit ce trésor ; la sainte maison se retrouva
dans une forêt voisine d'Ancône, à Lorette ;
les papes l'ont fait enfermer dans une immense
et splendide église. Elle y reste, sans assises et
sans fondement ; et ce miracle, déjà plusieurs
fois séculaire, est aujourd'hui l'objet de l'admiration des pèlerins.

La chapelle de l'Ange occupe l'emplacement
de la maison de Lorette ; elle tire son nom de
ce fait, que l'archange Gabriel apparut à cette
place lorsqu'il apporta à la Vierge le message
du salut. A droite de la chapelle, un autel sous
le vocable du père et de la mère de la Vierge,
saint Joachim et sainte Anne ; à gauche, un autre autel dédié à l'archange Gabriel. Ils sont
séparés l'un de l'autre par une arcade ogivale
qui donne entrée dans une grotte. C'était la seconde pièce de la maison. Il n'est pas rare de
rencontrer en Orient des habitations disposées
de cette sorte. Une grotte naturelle se présente ;
on s'en empare pour y fixer sa demeure, et
l'on y adosse, comme complément, une construction plus ou moins étendue, selon les besoins ou les facultés.

Nous traversons l'arcade et nous avançons de quelques pas. Nous voici devant ¡l'autel de la Sainte-Vierge, autrement dit l'autel de l'Annonciation, qui occupe l'endroit où se tenait la sainte Vierge au moment de l'apparition de l'ange. Franchissons par la pensée le temps qui nous sépare du jour à jamais béni où s'est accompli l'ineffable mystère, et rappelons ce que dit l'Evangile :

En ce temps-là, l'ange Gabriel fut envoyé de Dieu dans une ville de Galilée, nommée Nazareth, à une vierge qui s'appelait Marie. Il entre auprès d'elle, et la conversation s'engage. L'ange est seul en présence de la Vierge seule.

L'Ange. — Je vous salue, ô vous qui possédez la plénitude de la grâce. Le Seigneur est avec vous, et vous, vous êtes bénie parmi les femmes.

La Vierge. — Elle se trouble à ce langage, et, sans répondre un seul mot, elle se demande ce que veut dire un pareil salut.

L'Ange. — Ne craignez pas, Marie, car vous avez trouvé grâce devant Dieu. Voilà que vous concevrez en votre sein, et vous enfanterez un fils, et vous le nommerez Jésus. Il sera grand, et s'appellera le Fils du Très-Haut, et le Sei-

gneur Dieu lui donnera le trône de David son
père, et il régnera sur la maison de Jacob éternellement, et son règne n'aura point de fin.

La Vierge. — Comment cela arrivera-t-il ? car
je veux garder mon vœu de virginité.

L'Ange. — Le Saint-Esprit surviendra en
vous, et la vertu du Très-Haut vous couvrira de
son ombre ; et c'est pourquoi le Saint qui naîtra
de vous s'appellera le Fils de Dieu. Et voilà
qu'Elisabeth, votre cousine, a conçu elle-même
un fils dans sa vieillesse ; et ce mois est le
sixième pour celle qui était appelée stérile ; car
rien ne sera impossible à Dieu.

Marie. — Voici la servante du Seigneur ; qu'il
me soit fait selon votre parole. *Fiat !*

Et l'ange s'éloigna de la Vierge en extase, et
dans le même instant le Fils de Dieu opéra le
miracle de son Incarnation, comme le rappelle
l'inscription gravée sous la table de l'autel :
Verbum caro hic factum est.

L'autel de l'Annonciation est appuyé contre
un mur qui partage la grotte en deux. La partie
postérieure, où l'on pénètre par une porte pra-
tiquée du côté de l'épître, ressemble à une
abside ; on l'appelle la chapelle de Saint-Joseph.
Là se trouve encore un autel, adossé à celui de

l'Annonciation, et dédié au chef de la sainte Famille. Au fond de la chapelle, à droite, une large ouverture donne entrée dans un escalier obscur, au-dessus duquel est une autre pièce vulgairement appelée la cuisine de la sainte Vierge. On y voit encore quelques vestiges d'une cheminée qui a servi à la Mère de Jésus. C'est une seconde grotte, creusée dans le rocher, ainsi que l'escalier. Pour en sortir, il faut redescendre dans la crypte.

La grand'messe, chantée par le P. Picard, que deux Pères franciscains du couvent assistaient, eut lieu à neuf heures. Notre cher directeur nous adressa quelques paroles émues. « Le lieu, dit-il, n'est pas aux longs discours, mais au recueillement et aux larmes. » Il disait vrai. A Nazareth, en face des souvenirs de l'Incarnation, de l'enfance, de la vie cachée du Sauveur, on se sent écrasé sous le poids d'une indicible émotion ; on n'a de goût qu'au silence, aux pleurs et aux prières. On aime à écouter, loin des bruits de la terre, la voix de la foi, qui, dans ce sanctuaire, est excellemment la voix de l'amour. Il nous semblait assister au sublime dialogue de la Vierge et de l'Archange, entendre ce *Fiat* de l'auguste Marie qui décida la rédemp-

tion du monde, entendre cet *Ave* du messager
céleste que toutes les générations ont répété,
que tous les fidèles rediront éternellement. Cet
Ave, les pèlerins de la pénitence l'ont fait re-
tentir sous les voûtes de la basilique de l'Annonciation, avec une force, un amour, une confiance, qui n'ont jamais été surpassés.

Ave, Maria. Ce salut qui vous fut adressé ici
pour la première fois, nous vous l'adressons à
notre tour, ô Vierge. Nous vous l'adressons au
nom de la France, que nous représentons ; de
la France, dont vous êtes la reine. *Regnum
Galliæ, regnum Mariæ.*

Ave, Maria. Nous avons appris cette douce
prière sur les genoux de nos mères. O Marie !
veillez sur toutes les mères, qu'elles continuent
d'enseigner à leurs petits enfants le salut de
l'ange : *Ave, Maria.*

Ave, Maria. Obtenez à ceux qui vous invo-
quent la grâce dont vous avez reçu la plénitude ; que le Seigneur, qui est avec vous, soit
avec eux pour les bénir !

Nous possédions au milieu de nous, depuis le
Carmel, un religieux bien connu des pèlerins
de terre sainte : le F. Liévin. Il mit à notre service, dès le premier jour jusqu'au dernier, les

trésors d'une érudition toujours sûre et de bon
aloi, écoutant avec une douceur inaltérable les
questions parfois oiseuses qui lui étaient adressées, répondant à tout, prévenant souvent les
désirs de notre curiosité, assaisonnant ses ré-
cits de réflexions pleines de finesse, avec un
certain sel gaulois qui en doublait le charme.
Je fus de ceux qui s'attachèrent le plus fidèlement à ses pas, et beaucoup des renseignements
que j'ai recueillis sur Jérusalem proviennent de
cette source autorisée. Sous sa direction, les
heures libres de notre après-midi à Nazareth
furent employées à visiter l'atelier de saint Joseph, la fontaine de la Vierge, la table eucharistique, et la synagogue, ou plutôt le lieu qu'elle
occupait du temps de Jésus-Christ.

L'atelier de saint Joseph est situé à dix minutes environ du sanctuaire de l'Annonciation ;
il n'en reste plus rien que l'emplacement. On y
voyait autrefois une grande église, aujourd'hui
remplacée par une modeste chapelle, de date
récente. Il est d'usage, dans les pays orientaux,
que les artisans ne travaillent point au domicile
même de leur famille, mais à quelque distance,
et dans un local séparé. Ainsi, d'après une tradition constante, et d'ailleurs conforme à l'u-

sage, nous sommes, à n'en pas douter, dans le lieu où Jésus a travaillé, avec son père adoptif et sous ses yeux, jusqu'à l'âge de trente ans, où la vierge Marie est venue souvent visiter son époux et son divin Fils, où le travail a été relevé, ennobli, sanctifié par des intentions toujours pures et des conversations toujours saintes. O Jésus ! divin ouvrier, pitié pour tant d'ouvriers doublement malheureux parce qu'ils ont perdu la foi, pitié pour tant d'ateliers dont vous êtes banni !

De l'atelier de saint Joseph à la fontaine de la Vierge, il y a trois ou quatre minutes. Elle était autrefois et elle est encore présentement l'unique fontaine de la ville ; aussi n'est-il pas rare qu'elle soit encombrée de femmes qui viennent y puiser de l'eau, ou d'animaux qui s'y abreuvent. Il est donc certain que la sainte Vierge se servait de cette fontaine ; de là le surnom que lui donnent non seulement les chrétiens des diverses communions qui habitent Nazareth, mais les musulmans eux-mêmes.

On oblique à gauche, vers l'ouest, pour se rendre ensuite à la table eucharistique, dans la ville haute. C'est un bloc de pierre énorme, aplani à la surface. La tradition rapporte que le

Sauveur, après sa résurrection, y prit un repas en compagnie de ses apôtres et leur distribua la sainte communion. Trente personnes pourraient y prendre place commodément. Les franciscains ont fait élever autour de cette pierre un petit oratoire couronné d'une coupole.

Nous descendons de là dans la direction de la basilique, et nous rencontrons, sur notre chemin, l'église des grecs-unis, bâtie sur l'emplacement de l'ancienne synagogue, dont saint Luc a parlé au quatrième chapitre de son Evangile. C'est là que Jésus, dans le cours de sa vie publique, reprocha un jour aux habitants de Nazareth leur incrédulité. Ceux-ci, outrés de colère, s'emparent de lui, et l'emmènent au sommet d'une montagne voisine, pour le précipiter. Cette nouvelle arrive aux oreilles de sa Mère, qui accourt, éperdue, auprès de l'endroit où étaient ces forcenés. Le lieu où elle s'arrêta est appelé *Notre-Dame de l'Effroi.*

Le soir de ce même jour, 8 mai, il y eut procession aux flambeaux autour de la basilique. Puis le P. Picard annonça pour le lendemain, à quatre heures du matin, la messe du pèlerinage, qui devait être suivie du départ.

CHAPITRE V

LA SAMARIE

La visite au Thabor, qui n'est éloigné de Nazareth que de trois heures, était dans le programme de nos excursions ; elle était surtout
dans le programme de nos désirs et de nos espérances. Divers incidents, que la discrétion et la
charité chrétiennes nous obligent de taire, la
rendirent impossible. D'un autre côté, le mauvais état de nos montures et l'expérience du
7 mai avaient découragé un bon nombre de ceux
qui s'étaient fait inscrire pour la Samarie. Le
groupe dit *des Samaritains* se trouva ainsi réduit à quatre cent cinquante environ ; le reste
revint à Kaïffa pour être transporté à Jaffa, et de
là marcher sur Jérusalem. A six heures, le camp
de Nazareth était levé ; les Arabes sont d'une
agilité et d'une adresse surprenantes pour ces
sortes d'opérations. Le personnel des domes-

tiques prit les devants avec les chameaux, qui
portaient sur leurs dos robustes une vraie montagne de matériel et de provisions. Il était près
de neuf heures quand la caravane s'ébranla :
ces lenteurs déplorables, qu'on a voulu attri-
buer au grand nombre des pèlerins et à leur peu
d'habileté, devaient se renouveler chaque jour ;
elles avaient pour conséquence, outre une perte
de temps très appréciable, de nous exposer à
tous les dangers de la grande chaleur. Nous
prenons la direction du sud-est, et nous arrivons, à travers d'affreux sentiers, dans une
plaine immense et d'une admirable fertilité :
c'est la plaine d'Esdrelon, fameuse dans l'histoire. Nous campons sur l'herbe, au milieu d'une
prairie verdoyante, entre le village d'A-Foulé à
notre droite, et celui d'El-Foulé à notre gauche.
C'est en ce lieu que commença la bataille du
Thabor, où Bonaparte écrasa les mameluks.
On aperçoit, au sud, le petit Hermon, séparé du
Thabor par une vallée dans laquelle est située
la ville de Naïm ; nos regrets recommencent, en
revoyant pour la quatrième fois la montagne
de la Transfiguration. Quelqu'un fait observer
que l'ascension du Thabor ne convient pas aux
pèlerins de la pénitence ; le Calvaire, voilà leur

véritable rendez-vous. Et l'on se range à cet avis. Au sud-ouest, apparaissent les monts de Gelboé, célèbres par la défaite et la mort de Saül et de Jonathas; David les a maudits dans un chant d'une poésie sublime : « Monts de Gelboé, que ni la rosée ni la pluie ne tombent jamais sur vous, parce que vous avez bu le sang des vaillants d'Israël ! » La stérilité la plus complète, en effet, règne en ces lieux. Le F. Liévin nous apprend que, sur le versant septentrional de Gelboé, se trouvait la fontaine où Gédéon fit boire ses soldats avant de les conduire à l'ennemi; trois cents d'entre eux seulement burent sans plier le genou; il renvoya tous les autres, et remporta la victoire à la tête de cette poignée de braves. Regardons maintenant vers l'occident : sur le flanc de cette montagne qui apparaît dans le lointain, florissait autrefois Jezraël, où l'impie Achab possédait un superbe palais, avoisiné par la vigne d'un habitant de la ville, nommé Naboth. Achab convoitait la vigne; Naboth ne voulait pas s'en dessaisir, parce que c'était l'héritage de ses pères. Il paya de sa vie son courageux refus; la reine Jézabel, digne épouse d'Achab, suborna deux faux témoins qui accusèrent Naboth d'avoir blasphémé contre

Dieu et le roi. Il fut lapidé auprès de la ville, et Achab vint en toute hâte prendre possession de sa vigne. Mais il rencontra sur son chemin le prophète Elie, qui lui dit de la part de Dieu : « Le jour est proche où les chiens lécheront ton sang dans le lieu même où ils ont léché le sang de Naboth ; et ils dévoreront Jézabel dans le champ de Jezraël. » Et ces terribles prédictions s'accomplirent.

Non loin de là s'élevait la cité d'Aphec, ville forte du royaume de Syrie. Une grande bataille fut livrée sous ses murs entre Achab et le roi de Syrie Benadab. Les Syriens perdirent cent mille hommes de leur armée ; il en restait vingt-sept mille, qui prirent la fuite du côté d'Aphec. Mais les remparts vinrent à s'écrouler sur eux, et ils furent tous écrasés. Benadab courut se cacher dans le lieu le plus secret de sa maison, et envoya demander grâce pour sa vie au roi d'Israël, qui l'épargna par une fausse clémence.

Le F. Liévin nous mentionne encore, du côté nord, le torrent de Cison, qui est déjà desséché à cette époque de l'année. Nous l'avions traversé peu auparavant, sans le savoir, tout près de l'endroit où l'intrépide Jahel planta un clou dans la tête de Sisara endormi, lorsque ce gé-

néral des armées chananéennes, vaincu et mis
en fuite par Barac, chef de l'armée d'Israël, se
réfugia sous sa tente. Comme il expirait, Barac
et la prophétesse Débora entrèrent. Débora avait
promis la victoire à Barac, au nom du Dieu
d'Israël; ils entonnèrent ensemble ce cantique
d'action de grâces qui remplit tout le cinquième
chapitre du livre des Juges, et auprès duquel
pâlissent les plus belles productions du génie
humain.

Après une heure et demie de halte, nous
poursuivons notre chemin dans la direction du
sud-est, sans rencontrer rien de remarquable
jusqu'à Djennin. Vers le soir, une légère brise
s'éleva de l'ouest, du côté de la France, et ra-
fraîchit un peu l'atmosphère embrasée.

Djennin est une petite ville toute musulmane,
à l'exception de deux familles qui sont catholiques. C'est l'ancienne Engannim, où le Sauveur guérit les dix lépreux. Nous y campons, à
quelques centaines de mètres des habitations.
Le lendemain, 10 mai, à six heures du matin,
les pèlerins étaient rassemblés autour d'un autel
dressé à la hâte, pour assister à l'adorable sacrifice, offert par le P. Picard. Avant de commencer, il leur adressa une touchante allocution.

6

Rappelant d'abord le miracle des lépreux guéris :
« Nous sommes tous, dit-il, plus ou moins lépreux ; soyons tous reconnaissants. » Et il
ajouta : « Aujourd'hui nous relions le présent
au passé. Combien de siècles se sont succédé
depuis que les saints mystères ont cessé d'être
célébrés dans cette contrée maudite ! Quelle joie
pour nous, et quelle gloire ! Méritons cette joie,
et rendons-nous dignes de cette gloire ! »

Nous apprenons, au moment du départ, que
nous coucherons le soir à Naplouse, qui n'est
autre que Sichem. Cette perspective fait accepter
avec plus de courage les fatigues d'une journée
qu'on annonçait comme la plus rude de toutes.

La caravane continuait de présenter cet aspect
bizarre que nous avons dit. L'étrange variété
des costumes et des montures était un aliment
continuel à l'imperturbable gaieté des voyageurs. De temps en temps un cavalier tombait,
un cheval ruait, un âne s'affaissait ; il y avait
un moment d'inquiétude. Mais comme ces accidents n'avaient pas de suite, on finit par s'y
habituer. Aussitôt qu'un de nous faisait une
chute, les Arabes, nos fidèles compagnons,
accouraient et l'aidaient à remonter en courbant
le dos pour lui servir de marchepied. Un soir,

quelques pèlerins s'entretenaient avec le P. Picard des incidents de la journée : « Mon père, dit l'un, devinez combien de fois je suis tombé aujourd'hui : dix fois ! » Devant cette confession publique, un des interlocuteurs sort de sa réserve et s'écrie d'un ton joyeux : « Maintenant je l'avoue sans honte, je suis tombé cinq fois du même jour ! » Et tout le monde de rire.

Notre petite troupe avait son avant-garde et son arrière-garde. Ceux de l'avant-garde, parmi lesquels il y avait toujours un drogman ou deux, servaient aux autres d'éclaireurs. Quand on approchait d'un village musulman renommé pour son fanatisme, l'avant-garde s'arrêtait pour attendre le gros de la caravane, on serrait les rangs, et l'on traversait le village sans courir aucun risque. Nous avons appris plus tard qu'une troupe de jeunes bœufs, destinés aux pèlerins pendant leur séjour à Jérusalem, ayant passé la nuit à Séphoris, un de ces animaux se trouva avoir les jarrets coupés le lendemain matin. Force fut de le tuer et de le vendre à vil prix. Depuis lors on redoubla de précautions, et cet acte de malveillance fut le seul que l'on eut à déplorer de la part des fanatiques.

L'arrière-garde avait aussi son rôle. Il con-

sistait à surveiller les accidents, à recueillir les
blessés ou les malades, à ramasser les traînards.
Là se tenaient nos médecins et nos meilleurs
cavaliers. C'était une mesure de haute sagesse ;
parfois la caravane occupait un parcours de
quatre, cinq kilomètres, et même davantage. Il
importait que nous fussions à l'abri d'un coup
de main.

Nous quittons Djennin pour marcher sur Béthulie, à deux lieues plus loin. L'histoire de Ju-
dith et la fin tragique d'Holopherne reviennent
à notre mémoire ; mais la forteresse inexpug-
nable à tout autre assaut qu'à celui de la fa-
mine n'est plus qu'un mauvais village ouvert
de tous côtés. Des remparts, il reste à peine
quelques vestiges. Nous avions passé peu auparavant à Dothaïn, remarquable par deux souvenirs bibliques : c'est à Dothaïn que Joseph vint
trouver ses frères, occupés à paître leurs troupeaux, et qu'ils s'emparèrent de lui pour le
vendre à des marchands d'esclaves ; c'est encore à Dothaïn qu'Holopherne commença le siège
de Béthulie à la tête d'une formidable armée.

De l'autre côté de Béthulie, on s'arrête juste
le temps nécessaire pour le repas. Nos conduc-
teurs avaient fini par comprendre qu'un dé-

jeuner en plein soleil, au milieu du jour, était une souveraine témérité, contraire à tous les traités comme à toutes les habitudes. Nous étions sous la tente.

En sortant de là, nous arrivons, à travers un marais, dans une magnifique plantation d'arbres fruitiers. Mais bientôt la nature du sol redevient aride, et les rochers succèdent aux oliviers en fleurs. Nous montons insensiblement, et nous remarquons çà et là des ruines d'un genre particulier, des pans de muraille, des colonnes brisées. Nous sommes sur le terrain qu'occupait Samarie, la capitale du royaume d'Israël. De combien d'impiétés, de fléaux, de batailles, ce lieu a été le théâtre! Du temps de Jésus-Christ, le roi Hérode y possédait encore un château, dans lequel était la prison où fut enfermé Jean-Baptiste. On sait que le saint précurseur fut décapité au fond de sa prison. Les franciscains lui avaient élevé une chapelle en ce même endroit; il en reste à peine quelques traces. De là à Naplouse, on ne fait guère que descendre. A mesure que nous approchons de cette ville, le chemin s'élargit; les sites les plus riants charment la vue. Dans des champs fertiles, des groupes d'hommes et de femmes

6*

moissonnent les lentilles chères à Esaü. Plus
loin, des blés aussi beaux que ceux de France,
de vastes prairies qui s'étendent au loin dans la
vallée, couronnée de montagnes où croît une
luxuriante végétation. Les bosquets d'arbres
qui entourent la route recèlent des oiseaux
énormes ; ils ignorent que nous comptons dans
nos rangs un essaim de jeunes chasseurs armés
de fusils. Imprudents ! ils se laissent approcher
sans fuir. De temps à autre une détonation se
fait entendre. Si le coup a porté, on le voit bientôt ; le nouveau Nemrod attache sa capture,
comme un trophée, à la selle de son cheval,
qu'il lance à toute bride afin de pouvoir reprendre son rang et guetter une autre proie.

Les gens du pays cultivent leurs terres avec
art ; ils divisent les jardins en petits cárrés, séparés les uns des autres par une rigole, sur un
plan incliné. La rigole est disposée de telle sorte
que chaque compartiment reçoit à son tour l'eau
fécondante, et le jardin entier se trouve arrosé
comme par enchantement.

Notre attention est détournée pour un instant
de ce spectacle par une bande d'enfants accourus sur notre passage pour nous donner une
sérénade des plus divertissantes. L'un d'eux, le

chef de musique apparemment, bat la mesure en frappant bruyamment ses mains l'une contre l'autre ; son plus proche voisin exécute une sorte de danse fort mouvementée, sans changer de place, tandis que les autres tirent de divers instruments, tous inconnus pour nous, des sons tantôt aigus et tantôt éclatants.

Il y avait sept heures que nous étions à cheval ; le camp apparut enfin, en même temps que Naplouse, mais à l'autre extrémité de la ville, dont notre route longeait partiellement les murs. Une multitude d'hommes, de femmes et d'enfants étaient rassemblés à l'entrée du camp, les uns sympathiques et saluant avec respect, les autres impassibles dans leur curiosité ; on reconnaît à ce dernier trait les musulmans de race, fanatiques par nature. C'est à Naplouse, je crois pouvoir le dire, que nous avons rencontré les plus beaux types orientaux. Plusieurs portaient le costume français avec autant d'élégance et de distinction que les Parisiens du meilleur monde.

Nous étions arrivés au camp des premiers. J'eus la bonne fortune d'y rencontrer M. Guyon de Vauloger, dont il a été déjà fait mention. Il nous proposa, à un autre ecclésiastique et à

moi, en attendant les traînards, qui étaient ce
jour-là encore plus nombreux que d'habitude,
de mettre à profit notre temps et d'aller voir en
toute hâte un des monuments les plus anciens,
les plus intéressants qui existent : je veux dire
le Pentateuque samaritain. Nous avisons de
suite un cicerone ; un quart d'heure après, nous
étions à la porte de la synagogue. Le grand
prêtre de la secte samaritaine nous reçoit avec
cette politesse froide et solennelle que les
Orientaux constitués en dignité affectent à
l'égard des étrangers. Grand air d'ailleurs, haute
stature, démarche pleine de majesté, et tout
cela rehaussé par je ne sais quel mélange de finesse et de douceur dans la physionomie, qui
séduisait. Il apporte devant nous, à l'entrée de
la grande salle de la synagogue, une espèce de
pupitre ; puis il va chercher le livre sacré, en-
veloppé avec soin dans des étoffes précieuses,
et le déroule sous nos yeux. Ce Pentateuque,
témoin irrécusable de la véracité de la Bible, est
écrit en hébreu pur, sur parchemin ; en regard
du texte primitif, on a placé le texte syro-chal-
daïque.

Nous remercions, en laissant nos présents.
Le grand prêtre nous offre aussitôt sa photogra-

phie, sans omettre d'en dire le prix, que nous payons encore. A notre retour au camp, tous étaient rentrés, et à table ; ce qui signifie que les pèlerins, assis sur des pliants, ou, à défaut de pliants, sur le sol, faisaient grand honneur à un potage chaud d'excellente qualité, et qu'en guise de table ils avaient devant eux, étendus par terre, les longs tapis en usage pour les excursions en terre sainte.

Le jeudi 11 mai, la célébration de l'auguste sacrifice présenta une particularité remarquable. Sur les tertres qui séparaient le camp de la ville stationnaient des masses de curieux. Le P. Picard, à qui rien n'échappait, le fit remarquer aux pèlerins avant de commencer. « Les infidèles nous contemplent, s'écria-t-il. Soyons pour eux un sujet d'édification par notre attitude respectueuse et recueillie en présence de Jésus-Christ qui va descendre sur cet autel. » C'était peut-être la première fois que les Turcs assistaient en si grand nombre à nos saints mystères. Il y eut, comme toujours, beaucoup de communions, et les anges seuls pourraient dire les supplications qui montèrent au ciel pour la conversion de ce peuple.

Le départ eut lieu encore plus tard que les

jours précédents, et seulement après le grand
déjeuner. Assis sous la tente, nous relisons dans
la Bible les passages relatifs aux lieux où nous
sommes. Naplouse, comme tout le monde le
sait, n'est autre que Sichem, qui remplit une si
grande place dans l'histoire des patriarches et
du peuple hébreu. C'est à Sichem qu'Abraham
reçut la première promesse ; qu'eut lieu l'enlèvement de Dina, suivi d'un épouvantable massacre des Sichimites ; que Josué, après la conquête, réunit les douze tribus pour leur faire
jurer une sainte alliance avec le Seigneur ; que
se consomma le schisme des dix tribus, et,
pour ne pas développer davantage cette énumé-
ration, que Jéroboam, premier roi d'Israël, fixa
le siège de sa royauté usurpée. En regardant
du côté de la ville, nous avons à notre droite le
mont Hébal, et à notre gauche le mont Garizim,
l'un et l'autre tout rapprochés de nous. Celui-ci
est surnommé le mont des bénédictions, et celui-là le mont des malédictions ; on en trouve
les raisons dans le xi⁰ chapitre du Deutéronome.

A peine sortis du camp, on nous signale, au
pied de l'Hébal, le tombeau de Joseph ; c'est
une construction en pierres, que le temps a
horriblement ravagée. Bientôt après, nous visi-

tons le puits de Jacob, où Jésus convertit la
Samaritaine. Hélas ! ce puits, consacré par un si
touchant souvenir, n'a pas même gardé l'apparence d'une ruine ; quelques pierres éparses, un
étroit orifice au fond duquel on aperçoit un
sable humide..., et c'est tout. Il ne m'a pas
paru avoir plus d'un mètre de profondeur. Sans
descendre de cheval, nous nous y arrêtons le
temps nécessaire pour y réciter un *Pater* et
gagner ainsi l'indulgence plénière.

La caravane poursuit son chemin au milieu
d'une campagne ensemencée de céréales, aux-
quelles succèdent des prairies aussi belles que
dans la plaine d'Esdrelon, et qui s'étendent
jusqu'au pied des montagnes. Là, nos montures,
dévorées d'une soif ardente, se désaltèrent aux
eaux limpides d'une large et abondante fontaine, et l'ascension commence pour ne finir
qu'à Sinjil, village que rien ne recommande,
sinon ses eaux, toutes voisines de notre camp.

Le vendredi 12 mai, on se leva plus joyeux ;
c'était notre dernière étape avant Jérusalem.
Le ciel, qui avait été de feu jusqu'alors, se voila
dès les premières heures du jour ; un vent frais
et léger qui survint en même temps nous sou-
lagea beaucoup. C'était un secours providentiel ;

on était à bout de forces. Avant de remonter à
cheval, le F. Liévin nous montre, au nord,
à une heure environ de distance, le lieu où fut
Silo, si cher au peuple de Dieu, et dont il est
fait tant de fois mention dans l'Ancien Testament.

Vers onze heures nous passons tout près de
Béthel. Là encore, que d'événements se sont
produits ! Dans l'impossibilité où nous sommes
de les citer tous, bornons-nous à dire que Jacob
eut à Béthel sa vision de l'échelle mystérieuse.
Il ferait bon s'y arrêter ; mais le temps presse.
Nous faisons halte à Beeroth, qui a changé son
nom contre celui d'El-Biré, petit village musulman. C'est à Beeroth que la sainte Vierge, de
retour de Jérusalem, s'aperçut de l'absence de
l'Enfant Jésus, et le chercha vainement parmi
les personnes de sa suite.

On donne l'ordre de remonter à cheval, et le
silence se fait parmi les pèlerins. Une seule
pensée les absorbe : dans trois heures nous
verrons Jérusalem ! La campagne devient plus
aride, et ce cachet de désolation s'accentue à
mesure que l'on approche de la cité déicide. Il
était cinq heures du soir ; depuis longtemps
nous regardions en vain ; une exclamation se

fait entendre à l'avant-garde. La montagne des Oliviers apparaît de l'autre côté de la ville, puis les murs et les maisons de Jérusalem, derrière le quartier russe. A cette vue, les poitrines se gonflent et les yeux se remplissent de larmes ; mais pas un chant, à peine quelques paroles. Les grandes impressions sont muettes ; celle que nous ressentions ne saurait s'exprimer.

Nous entrons par la porte de Jaffa, et chacun met pied à terre. Les deux autres groupes de pèlerins dont nous avons parlé, et qui étaient arrivés les jours précédents, nous attendaient sur deux rangs. A leur tête, la bannière de la Sainte-Face, portée par M. Montargis, libraire à Rouen ; la bannière de la Croix, portée par M. de Belcastel, et deux drapeaux français. Le consul de France, M. Tardif de Moidrey, le révérendissime custode des franciscains de Palestine, étaient là avec notre bien-aimé père Bailly, que nous n'avions pas revu depuis le départ du Carmel. La procession s'ébranle aux chants du *Magnificat* et du *Te Deum*, et se dirige vers le saint Sépulcre. Le patriarche de Jérusalem, Mgr Bracco, nous y attendait et nous adressa une chaleureuse et paternelle allocution en français. Quand il eut fini, les pèlerins,

7

saintement impatients de baiser le pavé de ce
sanctuaire, le plus vénérable de tous, donnè-
rent libre cours à leurs sentiments de piété et
de reconnaissance. Après cette première explo-
sion d'amour, le père Picard assigne à chacun
son logement dans les divers établissements
religieux de Jérusalem, où nous était réservée
la plus cordiale hospitalité. La gratitude nous
fait un devoir de les citer tous : l'hospice franciscain de Casa-Nova, les frères des Ecoles chrétiennes, le Patriarcat, les dames de Saint-Joseph,
l'orphelinat de Saint-Pierre, l'hospice autrichien Sainte-Anne, et la Flagellation.

CHAPITRE VI

JÉRUSALEM. LE SAINT SÉPULCRE

Une remarque pleine d'à-propos, et qui a été faite souvent sur le pèlerinage de pénitence, c'est la triple coïncidence du jour de départ, du jour d'arrivée en terre sainte, et du jour d'entrée définitive à Jérusalem, avec les trois premiers vendredis qui se sont succédé dans le cours de notre voyage; et cela en dépit du programme et des dispositions prises. On peut, sans témérité, y voir le doigt de Dieu, qui a voulu affirmer de cette manière le caractère d'expiation de cette pacifique croisade.

Pendant notre séjour à Jérusalem, qui se prolongea jusqu'au lundi de la Pentecôte, 29 mai, nous avions chaque jour des exercices communs et des lieux de rendez-vous désignés à l'avance. C'était ordinairement à l'occasion de la messe du pèlerinage pour le matin, et d'un salut du très saint Sacrement pour l'après-midi. La station au saint Sépulcre s'imposait avant toutes les autres ; c'est aussi par ce sujet que nous commencerons.

De concert avec sa pieuse mère, l'impératrice sainte Hélène, Constantin, converti, avait formé le projet de bâtir sur le Calvaire un monument qui devait surpasser en étendue, en richesse, en beauté, tous les temples de l'univers. Ce dessein fut mis à exécution ; le résultat répondit pleinement aux désirs de l'empereur. La nouvelle église, qui renfermait dans sa vaste enceinte le Golgotha et le lieu de la sépulture du Christ, fut appelé la basilique du Saint-Sépulcre. Chosroès, roi de Perse, en fit un amas de décombres, dans les premières années du septième siècle. Sous le règne d'Héraclius, le patriarche Modeste bâtit sur ces débris quatre églises séparées, que les croisés réunirent en une seule : c'est ce qui explique le défaut d'unité dans la construction aussi bien que dans le style du monument actuel. Malgré ses irrégularités et sa pauvreté, la basilique, telle que nous l'avons vue, n'en présente pas moins un aspect imposant et grandiose. On le comprendra sans peine quand on saura qu'elle contient les cinq dernières stations du chemin de la croix.

Elle est précédée d'une cour spacieuse, couverte de dalles énormes, parmi lesquelles on voit encore quelques traces de colonnes du temple primitif. Mais à quoi bon s'attarder à ces détails ? A l'entrée de l'église, on aperçoit à droite, à deux pas de la porte, un escalier de pierre, assez rapide, d'environ vingt marches. C'est l'escalier qui conduit au Calvaire. Sainte Hélène avait fait enlever une partie du rocher qui contrariait le plan des architectes impériaux. Ce qui en reste est revêtu de marbre, et forme une espèce d'église supérieure que nous visitons d'abord. Arrivés au-dessus de l'escalier, nous découvrons sur le pavé une grande rosace en mosaïque de marbre blanc et noir, qui marque le lieu du dépouillement des vêtements, c'est-à-dire de la dixième station. A droite de la rosace, on a ouvert dans le mur une fenêtre très étroite, qui vous permet de voir, à travers un léger grillage, la chapelle de Notre-Dame des Sept-Douleurs. Elle est construite à la place que la sainte Vierge et saint Jean occupaient pendant que les bourreaux faisaient les apprêts du supplice de Jésus-Christ. On n'y peut entrer que par l'extérieur.

Avançons de quelques mètres vers le mur du

fond de l'église. Voici un autel, appelé l'autel de la Crucifixion ; comme le mot l'indique, c'est là que le Sauveur fut cloué à la croix : onzième station. Pour aller ensuite à la douzième, il faut obliquer à gauche. L'autel proprement dit du Calvaire est à quatre mètres de l'autel de la Crucifixion ; il appartient aux grecs non unis, qui ne permettent jamais aux catholiques d'y célébrer ; mais le sol est aux latins. Sous la table de l'autel du Calvaire, il y a une ouverture de forme ronde. C'est le trou que les bourreaux avaient pratiqué dans le rocher pour y planter la croix. Une rondelle de métal en recouvre les bords ; on peut y plonger le bras jusqu'au coude et toucher la terre qui porta l'arbre sacré de la Rédemption.

Quand Jésus fut élevé en croix, la sainte Vierge était à sa gauche et saint Jean à sa droite. La Vierge demeura à son poste jusqu'au dernier soupir de Jésus ; elle dut s'écarter un peu pendant la descente de croix, et s'asseoir sur le rocher, pour recevoir sur ses genoux le corps inanimé de son fils. C'est pourquoi la treizième station est placée entre la onzième et la douzième. Là aussi s'élève un troisième autel qui porte le nom de *Mater dolorosa* et qui est, comme celui de la Crucifixion, la propriété des latins.

Parmi les miracles qui arrivèrent au moment de la mort de Jésus-Christ, l'Evangile rapporte que les rochers se fendirent. La fente du Calvaire, entre la douzième et la treizième station, a coupé le rocher dans sa plus grande épaisseur ; au sommet elle a une largeur de plus de vingt centimètres, qui va se rétrécissant de haut en bas jusqu'à la chapelle d'Adam, où elle n'est plus que de quelques centimètres. Une lame d'argent mobile, que l'on détourne à droite ou à gauche, la recouvre dans sa partie supérieure. Nous sommes ici en présence d'un prodige dont il est aisé de s'assurer. Lorsqu'une fente est produite dans un rocher par une cause naturelle ou par le travail de l'homme, elle suit invariablement les veines de la pierre : c'est une loi de l'ordre physique. Ici, rien de semblable ; la rupture croise les veines d'une façon inexplicable pour la science humaine. Le miracle est manifeste.

Nous descendons du Calvaire par une autre rampe correspondant à la première et qui nous ramène dans l'intérieur de la basilique, non loin de la porte d'entrée. Puis nous avançons

dans la direction du saint tombeau. Dès les
premiers pas, une grande table en marbre
rouge, pareille à une tombe, se présente à nos
yeux. Elle recouvre la *pierre de l'onction*, sur
laquelle fut déposé le corps de Jésus-Christ
pour être embaumé avant sa sépulture. Au-
dessus de cette pierre sont suspendues huit
lampes, appartenant aux diverses communions
chrétiennes ; à chaque extrémité, des cierges
d'une grandeur extraordinaire. Les cierges et
les lampes sont allumés pendant les offices. Nul
ne passe devant la pierre de l'onction sans s'y
arrêter pour la baiser et y prier. Une indulgence
plénière est attachée à cet acte de dévotion.

On poursuit son chemin à droite, l'espace
d'environ vingt mètres, laissant à sa gauche une
grille en fer qui protège le lieu où se tenaient
les saintes femmes pendant le drame sanglant,
et l'on se trouve en face de l'édicule du saint
Tombeau, bâti sous la coupole de la basilique.
Cet édicule n'a rien de remarquable, ni comme
élégance, ni même comme richesse. Il com-
prend trois pièces : d'abord le vestibule, ou la
chapelle de l'Ange. Une colonne de marbre,
haute de quatre-vingts centimètres et largement
évasée au sommet, en est le seul ornement.

Elle se trouve au milieu, mais plus rapprochée de la porte qui donne entrée dans la seconde pièce. Elle renferme un morceau de la pierre qui fermait le tombeau de Jésus-Christ, et sur laquelle l'ange était assis, à cette même place, lorsqu'il apparut aux saintes femmes pour leur annoncer la résurrection. Vient ensuite la grotte du saint Sépulcre, plus étroite encore que la chapelle de l'Ange, car elle ne peut contenir que quatre personnes. On y pénètre par une petite porte tellement basse, qu'il faut se baisser beaucoup pour ne pas se heurter le front. Une grande table de marbre blanc couvre le tombeau où fut renfermé le corps de Jésus-Christ depuis le vendredi soir jusqu'aux premières heures du dimanche ; on y célèbre chaque jour les saints mystères. A cette chambre sépulcrale, les arméniens, qui n'ont pas droit d'y officier, ont adossé une chapelle d'assez mauvais goût. La façade de l'édicule est ornée d'une grande quantité de lampes ; à l'entrée on voit aussi beaucoup de ces grands cierges que nous avons déjà remarqués autour de la pierre de l'onction, Le chœur des latins est immédiatement en avant, il fait face à la chapelle de l'Ange. Derrière le chœur des latins, on monte trois mar-

7*

ches pour arriver à celui des grecs ; c'est une
chapelle de grande dimension, chargée de ta-
bleaux et de sculptures. En 1808, les grecs mirent le feu à l'édifice ; toutes leurs mesures
étant arrêtées d'avance, ils se hâtèrent de la reconstruire, afin de s'en assurer la propriété.
Les franciscains ont protesté, mais en vain ; la
France est demeurée sourde à leur voix. Les
usurpateurs leur laissent à grand'peine, et avec
beaucoup de restrictions, la faculté d'y célébrer l'office canonial et les saints mystères.

Soyons justes, toutefois ; le patriarche grec a
été gracieux pour les pèlerins français. Les prêtres
du pèlerinage ont pu, en certains jours, célébrer jusqu'à six messes sur le saint Tombeau ;
le plus souvent, on ne nous accordait que deux
messes, y compris celle de l'office de chœur. Les
bons Pères franciscains se sont constamment
désistés en notre faveur.

Là sacristie des Pères est à vingt pas du saint
Sépulcre, au nord-ouest. Nous y entrons, pour
vénérer l'épée de Godefroy de Bouillon. Les visiteurs se passent de main en main cette relique ; on montre aussi les étriers du cheval de ce
héros chrétien. La sacristie est attenante à la
chapelle de Sainte-Madeleine ; devant l'autel, une

rosace en marbre blanc est incrustée dans le pavé ; là, Jésus ressuscité apparut à sainte Madeleine en vêtement de jardinier. Il faut traverser cette chapelle pour se rendre à celle de l'apparition de Jésus à sa divine Mère ; elle est fermée, et c'est là que les latins chantent ou récitent l'office de jour. Quoique l'Evangile ne dise rien de cette apparition, qui fut la première de toutes, le cœur et le bon sens suppléent à ce silence, et ils sont, d'ailleurs, appuyés par une tradition non interrompue de dix-neuf siècles. La vierge Marie, depuis l'ensevelissement de son Fils, était en proie à une fièvre ardente ; elle savait de science certaine qu'il sortirait vivant du tombeau, mais elle n'en connaissait pas le moment précis. Jésus devait, semble-t-il, à l'amour et aux douleurs de sa Mère, il se devait à lui-même de se montrer à elle tout d'abord plein de vie et de gloire.

A gauche de l'autel majeur, il y a l'*autel des Reliques*, ainsi nommé parce qu'il renfermait anciennement des reliques nombreuses ; depuis, elles ont été enlevées. L'autel de droite s'appelle l'*autel de la Colonne* ; il contient le tronçon inférieur de la colonne à laquelle Jésus fut attaché au prétoire et flagellé. En effet, Jé-

sus a subi deux flagellations : la première dans
la maison de Caïphe, l'autre au prétoire de Pilate. Il fut donc lié à deux colonnes. Celle de la
maison de Caïphe est restée entière, elle est à
Rome. Celle de Jérusalem n'est exposée qu'une
fois l'an ; mais le révérendissime custode per-
mit, par une condescendance inusitée, qu'on
l'exposât un jour entier à la pieuse vénération
des pèlerins.

Nous traversons derechef la chapelle de
Sainte-Madeleine, et avançant du côté gauche,
nous nous arrêtons à la première chapelle qui
se trouve sur notre passage, la chapelle de la
Prison. Jésus-Christ y fut enfermé quelques ins-
tants, en attendant que tout fût prêt pour son
crucifiement. A quelques pas plus loin, nous
arrivons devant la chapelle de Saint-Longin.
C'est le nom du soldat qui perça de sa lance le
cœur de Jésus ; d'après une ancienne tradition,
saint Longin était Franc-Comtois. Il était borgne,
mais, pour répéter le mot du F. Liévin, il n'en
voyait que mieux. Son esprit d'observation lui
fit remarquer Jésus-Christ ; il reconnut promptement que ce condamné différait des autres.
Quand il le frappa, le sang et l'eau qui jaillirent
de la blessure coulèrent le long de sa lance jus-

qu'à sa main. Par un mouvement naturel il voulut l'essuyer, et il toucha son œil éteint, qui fut aussitôt guéri. Ce prodige acheva d'ouvrir au soldat les yeux de l'âme. Il se convertit, prêcha Jésus-Christ et subit le martyre pour la cause de sa foi. O vaillant athlète du Christ, en vous adressant nos supplications devant cet autel qui vous est dédié, nous nous souvenons qu'un grand nombre de nos frères, frappés de cécité spirituelle, percent le cœur de Jésus-Christ par leurs impiétés et leurs blasphèmes. Obtenez-leur cette grâce de miséricorde qui vous a sauvé.

La chapelle suivante occupe le lieu où les soldats se sont partagé les vêtements du Sauveur et ont tiré au sort sa robe sans couture. On l'appelle, pour ce motif, la chapelle de la Division des vêtements. Ici, nous nous retrouvons tout près du rocher du Calvaire : un escalier de descente s'offre devant nous ; il compte vingt-huit marches, qui sont usées et disjointes. Il conduit à la chapelle de Sainte-Hélène ; la sainte impératrice se tenait en cet endroit pendant les fouilles qu'elle avait ordonnées pour retrouver la vraie Croix. De là on descend, par un second escalier de treize marches, à la chapelle de l'In

vention de la sainte Croix, qui est très humide.
C'était primitivement une citerne large et profonde, où l'on jeta, parmi les immondices et les
déblais de toute espèce, la croix de Jésus-
Christ avec son titre et les croix des deux lar-
rons. On n'a pas réussi à l'assainir, et il serait
téméraire de s'y arrêter longtemps. Nous remontons à la hâte pour redescendre un peu
plus loin dans la chapelle d'Adam, qui se
trouve directement sous le Calvaire. Elle est
pauvre, humide, presque nue : un misérable autel en fait tout l'ornement, mais elle a sa belle
et touchante histoire. Lorsque Noé entra dans
l'arche pour échapper au déluge, il emporta
pieusement avec lui les restes d'Adam, et, dans
la suite, il les confia à Sem, l'aîné de ses fils,
qui, par droit d'aînesse, héritait du sacerdoce
paternel. Sem n'est autre que Melchisédech [1].
Les fils de Noé s'étant partagé la terre, Sem ou

---

[1] Sur ce point, nous ne partageons point l'opinion de l'auteur.
Saint Paul nous dit qu'on n'a pas connu le père ni la mère de
Melchisédech : or, au chap. VII de la Genèse, Moïse nous apprend que le père de Sem était Noé. L'Apôtre nous dit encore
qu'on n'a su ni le commencement ni la fin de la vie de ce mystérieux roi de Salem : or, nous lisons au chap. XI de la Genèse,
qu'après avoir engendré Arphaxad, Sem vécut encore cinq cents
ans. (Note de l'éditeur.)

Melchisédech, conduit par l'esprit de Dieu, fixa son séjour dans le lieu qui fut depuis Jérusalem, et choisit, pour le tombeau d'Adam, une grotte naturelle qui se trouva dans le voisinage, sous une roche de grandeur énorme ; c'était la roche du Calvaire. Lorsque les temps furent accomplis, l'Agneau de Dieu fut immolé, son sang coula sur la terre et pénétra, à travers la fente miraculeuse du Calvaire, jusqu'à la grotte souterraine, jusque sur la tête d'Adam, pour montrer qu'en purifiant le père du genre humain, il apportait aussi le salut à toute sa descendance.

J'eus l'insigne privilège d'être désigné, avec un autre prêtre du pèlerinage, pour offrir le saint sacrifice sur le tombeau de Jésus-Christ le jour de la Pentecôte, à deux heures du matin. On est obligé, en pareil cas, de venir dès la veille au soir, parce que les Turcs, qui ont les clefs de la basilique, se refusent d'ouvrir et de fermer en dehors des heures réglementaires. Jusqu'à ces dernières années, ils se faisaient payer un tribut ; nous en avons été exempts. Les franciscains ont plusieurs logements dans les galeries de l'église qui avoisinent leur sacristie, et quelques lits pour les pèlerins qui désirent as-

sister à l'office de matines ou célébrer la sainte
messe aux premières heures de la journée. Nous
sommes reçus par un religieux polonais expulsé
de France; il nous conduit dans le dortoir de
sainte Hélène et nous montre, dans un coin de
notre appartement, un pavé en mosaïque, qui,
d'après la tradition, était celui de la chambre à
coucher de la sainte impératrice. A l'heure dite
nous étions à la sacristie; un Père nous ap--
prend que deux jeunes docteurs en médecine
ont sollicité, dès la veille, la faveur de servir la
messe dans la grotte du saint Sépulcre. En
même temps mes deux servants viennent à
moi; ils ne m'en voudront pas de citer leurs
noms : ce sont MM. Driffe et Delassus. On me
donna seize petites hosties à consacrer, et je les
distribuai à un nombre égal de communiants.

Je ne crois pas que l'on puisse imaginer pour
un prêtre une consolation comparable à celle de
renouveler les saints mystères à la place même
où s'est consommée l'œuvre de la rédemption ;
car c'est bien à ce tombeau, dans cette petite
grotte, que cette consommation s'est opérée.
Que se passe-t-il alors au fond de l'âme ? Aucune
langue ne saurait l'exprimer. La poitrine se
gonfle, les larmes coulent tranquilles et déli-

cieuses, le cœur nage dans des flots de divine
ivresse, l'infinie charité de Dieu se révèle avec
un éclat éblouissant, et l'amour des âmes prend
des racines plus fortes et plus profondes.

Quand le pèlerin du saint Sépulcre a accordé
à la foi, à la reconnaissance, au repentir, la satisfaction qu'ils réclament, il faut bien redescendre de ces régions élevées, et, dans le calme
qui succède aux émotions fébriles, se rendre
compte des réalités qu'il a sous les yeux. Les
réalités, elles sont navrantes. Au seuil même
de la basilique, que voyez-vous d'abord ? Des
Turcs à la physionomie sale et despotique, un
divan, un réchaud, tous les appareils de la vo-
lupté asiatique. Ah ! fils des croisés, enfants de
la chrétienne France et de la catholique Espagne, enfants de l'Occident, nous avons trouvé
l'infidèle fièrement assis à l'entrée du sanctuaire le plus auguste, gardant le tombeau de
notre Dieu à qui il ne croit pas, portier de cette
église dont il retient les clefs ! Et l'Europe som-
meille dans sa glaciale indifférence ; l'Europe
laisse se rouiller dans le fourreau la vieille épée
des Godefroy, des saint Louis, des Richard
Cœur de Lion ! Si, désirant vous dérober à
cette impression navrante, vous avancez dans

le lieu saint, d'autres douleurs vous attendent. Ces galeries innombrables qui règnent dans tout le pourtour, depuis le sol à la voûte, la femme et les enfants du prêtre schismatique les habitent et les occupent en maîtres ! Ils s'y livrent à des discours profanes et à des rires insolents. Ce temple saint parmi les plus saints, il est pauvre ; tandis qu'à quelques pas s'élève la brillante mosquée d'Omar, où sont prodigués les marbres les plus rares, où les merveilles de l'art s'accumulent, où le chrétien ne peut entrer qu'à la condition d'ôter sa chaussure et de composer son visage.

Que cet état de choses est triste ! disions-nous au F. Liévin. — Dans le principe, nous répondit le bon religieux, je le pensais ainsi ; j'étais étonné, désolé de cette conduite de la Providence. Mais depuis vingt-cinq ans que j'habite Jérusalem, j'ai réfléchi ; le temps a modifié mes impressions.

Il est bon que les ennemis du Christ rendent hommage, par leur surveillance jalouse, au tombeau du Christ.

Il est bon que les renégats de la foi catholique affirment, dans leur désertion même, la divinité de cette foi.

Il est bon que les fils révoltés du pape soient, malgré eux, les hérauts de la religion dont le le pape est l'organe et la langue toujours vivante.

Il est bon que le théâtre des humiliations du Fils de Dieu porte l'humiliation de l'indigence ; que tout près, comme pendant la passion, les fils de la nuit fassent leurs œuvres de ténèbres.

A Rome, la royauté du Christ doit s'affirmer dans la gloire. A celui qui a supplanté les Césars, la magnificence des Césars.

Ici, la croix de bois ; là-bas, la croix d'or.

Ici, les abaissements qui sauvent ; là, l'éclat qui commande l'admiration et le prosternement.

— Frère Liévin, merci ! Vous nous avez prouvé que les moines voient de plus haut que les autres hommes. Si nous avions la foi des moines et leurs lumières, les œuvres de Dieu, comme son action providentielle, nous paraîtraient souverainement belles, et nous aimerions à répéter ces paroles : *Mirabilis Deus et sanctus in omnibus operibus suis.*

CHAPITRE VII

Après le saint Sépulcre, le pèlerin de Jérusalem veut connaître tout d'abord la voie douloureuse, c'est-à-dire le chemin que Jésus a parcouru du commencement à la fin de sa Passion.
Nous allons suivre le Sauveur pas à pas, et, à
l'exemple des évangélistes, nous débuterons
par le cénacle, où la communion sacrilège de
Judas ouvrit la longue série des souffrances de
Jésus-Christ.

Pour se rendre au cénacle depuis l'hospice
franciscain de Casa-Nova, où nous étions logés
au nombre de plus de deux cents, on prend
la direction du sud, et l'on arrive bientôt
à l'emplacement de la maison d'Urie, voisine
de la tour de David. Cette tour remonte à la plus
haute antiquité ; la base a été construite par les
Jébuséens. Nous sortons ensuite par la porte de

Sion, et nous atteignons le cénacle, qu'environnent les cimetières des diverses communions
chrétiennes, parmi lesquels celui des catholiques seul est entouré de murs. Ce lieu si cher
à la foi, ce lieu sanctifié par la double institu-
tion de l'eucharistie et du sacerdoce et par la
descente du Saint-Esprit, a été ravi aux franciscains il y a trois siècles ; l'église qu'ils y avaient
bâtie a été convertie en une mosquée, dont
l'étage supérieur sert aujourd'hui de sérail. Il
faut payer un léger droit pour entrer. Puis on
nous introduit dans une vaste salle, dont le
plafond est soutenu par quelques colonnes.
C'est là que Jésus réunit ses apôtres le soir du
jeudi saint ; là qu'il leur lava les pieds ; là qu'il
les ordonna prêtres, après avoir changé le pain
et le vin en son corps et en son sang ; là qu'ils
se retirèrent pendant dix jours après son Ascension ; là que s'opéra le miracle de la Pentecôte. Nous nous prosternons avec transport sur
cette terre si horriblement souillée par le musulman.

A l'extrémité de cette salle, se trouve une
seconde pièce qui renferme le tombeau de David, recouvert en entier d'une étoffe rouge sans
valeur. Ce tombeau, d'après le sentiment du

F. Liévin, n'est pas absolument authentique ; il est certain, du moins, que les restes de David ont été déposés non loin de là.

Mais n'oublions pas que le cénacle est le point de départ de la voie douloureuse, et remontons par la pensée à cette pâque mystérieuse, la dernière que Jésus fit sur la terre avec ses apôtres. Ils sortent, et se dirigent vers le jardin de Gethsémani. Le chemin qui y conduit présentement longe les remparts, depuis la porte de Sion jusqu'à l'angle sud-est où aboutissait alors le temple, puis descend dans la vallée de Josaphat qui sépare, à l'orient, Jérusalem du mont des Oliviers. Le jardin de Gethsémani est de l'autre côté de la vallée, au pied de la montagne. Il est aujourd'hui séparé de la grotte de l'agonie par la route, qui est très large et très belle en cet endroit. Il est entouré d'un mur assez élevé. On y pénètre en quittant la route et en longeant le mur à droite. Au bout du mur, une petite porte donne entrée dans le jardin. La porte est vis-à-vis du rocher où les trois apôtres, Pierre, Jacques et Jean, s'endormirent pendant l'agonie du divin Maître. De l'autre côté de la porte on a construit un second mur qui s'étend à gauche, et dans lequel est enclavée une colonne en marbre rougeâtre ; c'est à cette place que Jésus reçut le baiser de Judas.

Entrons dans le jardin. Une superbe allée, très bien entretenue, permet d'en faire le tour. Mais elle est bordée, sur tout le parcours, d'une grille de fer, qui ne permet pas aux pèlerins de toucher aux fleurs et aux arbres. Les huit oliviers que nous avons sous les yeux remontent à Jésus-Christ.

La grotte de l'agonie est, comme le dit l'Evangile, à un jet de pierre du rocher des apôtres. Pour s'y rendre, on doit traverser la route indiquée tout à l'heure, et revenir à quelques pas en arrière. On avance à dix mètres du chemin, jusqu'à une porte de fer qui s'ouvre sur un escalier de sept ou huit marches ; au bas de l'escalier se trouve la grotte, telle qu'elle était au temps de Notre-Seigneur. Un modeste autel s'élève dans le fond ; au-dessous on lit ces mots : « *Hic factus est sudor ejus sicut guttæ sanguinis decurrentis in terram* : Ici il vint à Jésus une sueur, comme de gouttes de sang, qui découlait jusqu'à terre. » L'autel est surmonté d'un tableau représentant l'ange qui descendit du ciel pour soutenir le Sauveur défaillant. La grotte ne contiendrait guère que quatre-vingts per-

sonnes. Le jardin et la grotte de Gethsémani
étaient au nombre des rendez-vous favoris des
pèlerins ; en effet, l'agonie de Jésus est une des
scènes les plus émouvantes de sa Passion. Puis,
il y a tant d'âmes que les angoisses ont enva-
hies, que l'inexorable ennui dévore comme celle
de Jésus : *cœpit pavere et tædere;* il y en a tant
qui sont agonisantes et qui auraient besoin de
prier davantage ! *Factus in agonia, prolixius
orabat.* Parmi ces âmes tourmentées, celle du
prêtre a une plus large part au calice ; il se sent,
plus qu'un autre, cerné par les grandes eaux de
la tribulation, en face des défections, des apos-
tasies, des trahisons, des violences dont Jésus a
tant souffert pendant cette nuit cruelle et qui se
perpétuent dans le cours des âges !

Jésus, s'étant relevé, vint auprès de ses disciples et leur annonça que le traître approchait.
Peu après, une bande d'hommes armés s'empa-
raient de lui et le garrottaient pour le conduire
à la barre du pontife Anne, qui avait sa demeure
sur le mont Sion. Il repassa par le même chemin qu'il avait parcouru quelques heures auparavant, et qui diffère peu du chemin actuel. De
nouveau il franchit la vallée de Josaphat et, par
conséquent, le torrent de Cédron, qui roule au

fond de la vallée. Au mois de mai, le lit du torrent est à sec ; mais à l'époque de l'année où
l'on était alors, il y avait encore de l'eau ; il fallait passer sur un pont. A ce moment, un des
gardes précipita Jésus dans le torrent ; ses pieds
vinrent se heurter contre un rocher qui en conserve toujours l'empreinte ; nous la baisons avec
amour, en nous rappelant la prédiction de David
que les saints Pères ont appliquée à cette chute
du Sauveur : *De torrente in via bibet, propterea
exaltabit caput.*

La douce victime et sa brutale escorte gra-
vissent la colline d'Ophel et entrent dans la
ville par la porte Sterquiline. Jésus est conduit dans la maison d'Anne, qui lui fait subir
un premier interrogatoire et l'envoie ensuite à
Caïphe, son gendre, qui était grand prêtre. La
maison d'Anne est aujourd'hui remplacée par
un couvent de femmes ; ce sont des armé-
niennes schismatiques. On montre, dans leur
église, une chapelle qui occupe le lieu où Jésus
fut souffleté par un valet. Nous avons vu aussi,
dans la cour, des rejetons de l'olivier auquel
il fut un instant attaché.

Comme le grand prêtre Caïphe avait sa demeure dans le voisinage du cénacle, nous de-

8

vons, pour nous y rendre, sortir par cette
même porte de Sion dont il a été question plus
haut. Il n'en reste pas vestige ; les arméniens
schismatiques ont bâti en cet endroit un couvent magnifique, où réside leur patriarche ; ils
montrent, près de la porte d'entrée, à droite,
le lieu où saint Pierre, après son triple renie-
ment, sortit pour pleurer son péché. Nous ouvrons l'Evangile pour lire le passage relatif au
grand prêtre. « Les scribes et les vieillards
étaient ici rassemblés ; de faux témoins se présentent et déposent contre Jésus, qui se tait.
Caïphe se lève de son tribunal, et s'adressant
au divin accusé : « Je t'adjure, s'écrie-t-il, au
nom du Dieu vivant, de nous dire si tu es le
Christ, Fils de Dieu. — Vous l'avez dit, répond
Jésus. » A ces mots, Caïphe déchire ses vêtements en disant : Il a blasphémé. Et les autres
d'ajouter aussitôt : Il est digne de mort. Dès ce
moment jusqu'au matin, Jésus subit les derniers outrages de la part des soldats et des
gardes. On voit, dans une chapelle de l'église
attenante au couvent, *le lieu des improbères*, ou
des insultes de tout genre qui furent prodiguées
au Rédempteur.

Cette église du patriarcat arménien est la plus

belle de toutes celles de Jérusalem. Elle est
sous le vocable de saint Jacques le Majeur, ou
de Compostelle, parce que c'est là qu'il subit le
martyre.

Les Romains avaient enlevé aux autorités
juives le droit des condamnations à mort;
l'arrêt de Pilate était nécessaire. De grand matin,
Jésus est traîné au prétoire, où Pilate habitait, à
l'angle nord-ouest du temple. Nous suivons ses
traces, en traversant le quartier des arméniens,
celui des juifs et celui des musulmans. Mais Pilate apprend que l'accusé est Galiléen; de suite
il l'envoie au tétrarque de Galilée, Hérode, dont
le palais était tout près du prétoire. Il comptait,
par cette manœuvre, s'exempter de prononcer
un jugement à l'égard d'un homme dont il avait
reconnu l'innocence. Son calcul fut déjoué;
Hérode renvoya Jésus au tribunal de Pilate, qui
le fit flageller et le présenta ensuite au peuple,
du haut d'une fenêtre, en disant : « *Ecce homo.* »

Une église a été construite sur le lieu où le
Sauveur fut flagellé; c'est l'église de la Flagellation : elle est séparée de l'ancien prétoire par
la rue. A cent pas plus loin, du côté de l'ouest,
c'est-à-dire en avançant dans l'intérieur de la
ville, on passe sous l'arcade de l'*Ecce homo*,

voisine de la chapelle de même nom que M. de
Ratisbonne a bâtie avec le couvent des Dames
de Sion.

Revenons au prétoire, dont les Turcs ont fait
une caserne. Pour y entrer, on quitte le chemin
qui conduit par la porte Saint-Etienne au mont
des Oliviers, et on s'engage dans une courte
rampe à droite ; elle aboutit à une vaste cour
fermée, pleine de soldats. La cour est pavée de
dalles, parmi lesquelles on en distingue une qui
s'est creusée sous les baisers des pèlerins. C'est
là que Jésus reçut la sentence qui le condamnait
au supplice de la croix ; c'est la première station. Les soldats turcs, pleins de respect pour
les visiteurs, les y conduisaient parfois eux-
mêmes, puis leur signalaient, au fond de la
cour, un petit oratoire gothique qui marque le
lieu où Jésus fut couronné d'épines.

La deuxième station est à quelques mètres
de la première, en marchant contre la rue. Du
temps de Jésus-Christ, on sortait du prétoire
par un escalier de marbre ; depuis qu'il a été
teint du sang divin, on l'a appelé l'escalier saint,
scala santa. Il a été depuis transporté à Rome,
et les fidèles ne le montent qu'à genoux. Au
bas de l'escalier, les bourreaux de Jésus l'atten-

daient pour le charger de sa croix; on ne peut s'y rendre, depuis la cour de la caserne, qu'en revenant sur ses pas et en poursuivant sa route vers l'Orient. Le vide que l'enlèvement de l'escalier a fait est muré d'une façon bizarre qui ne nous fixe que mieux.

Il y a deux cent trente mètres entre la deuxième et la troisième station, qui est en face de l'hospice autrichien. C'est la première des trois chutes que fit le Sauveur dans son trajet; elle est indiquée par une colonne brisée étendue le long d'un mur. A cet endroit on change de rue, et l'on prend la direction du sud. A quarante mètres plus loin, nous sommes au bout d'une ruelle qui paraît venir du prétoire. Ici eut lieu la rencontre de Jésus et de sa sainte Mère. Elle avait entendu le tumulte, les cris de mort de la multitude, qui l'empêchait d'arriver jusqu'à son Fils. Pour éviter la foule, elle prend un chemin détourné, et, sur le point d'aborder Jésus-Christ, elle tombe évanouie: quatrième station. On l'appelle la *station du spasme* de la sainte Vierge; on y voyait autrefois une chapelle; le temps, l'incurie, l'ont fait disparaître. Le patriarche latin vient de faire l'acquisition de ce terrain. Les pèlerins de 1882, voulant laisser

8*

dans la ville sainte un souvenir de leur passage,
se proposent d'y construire un nouvel oratoire
du Spasme. Ce dessein, conçu spontanément par
les enfants de la France en deuil, ne semble-t-il
pas être un écho des gémissements de Marie à
la Salette? Puisse-t-il être aussi le présage du
salut et de la résurrection!

Un peu plus loin, on change encore de rue et
l'on prend la direction du sud-ouest, pour s'arrêter aussitôt à la cinquième station, c'est-à-dire
au lieu où les Juifs, craignant que Jésus ne
vînt à défaillir avant d'arriver au Calvaire,
contraignirent un étranger nommé Simon, de
Cyrène, à lui prêter main-forte. La maison de
Véronique est à trente pas de là; au moment où
Jésus passait, elle sortit, et essuya d'un linge
son visage couvert de sang et de sueur. On sait
par quel miracle le Sauveur récompensa cet
acte de charité. Un tronçon de colonne, confondu avec les pierres luisantes du pavé, sert de
point de repère à cette station, qui est la
sixième.

On avance l'espace de soixante mètres; voici
la porte Judiciaire, qui marque l'enceinte des
murs de l'ancienne Jérusalem. Les condamnés
sortaient par là; avant leur passage, on affichait

à cette porte l'arrêt de leur condamnation, dans lequel étaient indiqués leurs noms et leurs méfaits. Celui du Sauveur était conçu en ces termes : « Conduisez au lieu ordinaire du supplice Jésus de Nazareth, séducteur du peuple, contempteur de César et faux Messie, ainsi qu'il est prouvé par le témoignage des anciens de sa nation. Crucifiez-le entre deux voleurs, avec les insignes de sa royauté dérisoire. Va, licteur, prépare les croix. » La colonne qui porta cette affiche existe encore ; elle est dans une chapelle souterraine, fort délabrée, qui se trouve auprès de la porte Judiciaire.

Cependant on approchait du lieu de l'exécution. A la vue du rocher qui bientôt allait être arrosé du sang de Jésus-Christ, les saintes femmes qui l'accompagnaient éclatent en sanglots. Alors Jésus, rompant le silence, leur adresse ces paroles : Ne pleurez pas sur moi ; pleurez sur vous et vos enfants. Cet incident fait l'objet de la huitième station, qui n'est éloignée de la précédente que de dix mètres. Depuis ce point, par suite des constructions plus ou moins récentes entre la huitième station et la neuvième, on est obligé de revenir en arrière et de s'engager dans une rue tournante et mon-

tueuse, sorte d'impasse qui aboutit au lieu où
Jésus tomba pour la troisième fois. Un fragment
de colonne appuyé contre le mur d'un couvent
cophte marque l'endroit de cette troisième
chute, qui se confond avec la neuvième station.
Le Calvaire en est tout proche ; mais le mur qui
est devant nous nous arrête ; il faut donc redescendre, pour reprendre à droite une ruelle
qui conduit à une porte étroite et basse. De
l'autre côté de cette porte se trouve le parvis de
la basilique du Saint-Sépulcre, laquelle renferme, comme nous l'avons dit, les cinq dernières stations.

Il importe de se rappeler que les remparts
actuels de Jérusalem ne remontent qu'à Saladin ;
ils ont été reculés de ce côté, et c'est ainsi que
le Calvaire, qui était primitivement hors des
murs, est aujourd'hui compris dans l'intérieur
de Jérusalem. La distance du prétoire au Calvaire est d'environ douze cents mètres. Beaucoup s'imaginent que le Calvaire est une montagne ; ce n'est qu'une simple éminence de
sept à huit mètres d'élévation. Il est vrai qu'en
partant du prétoire on monte presque constamment ; mais l'inclinaison du sol est si peu sensible qu'il n'en résulte pas la moindre fatigue.

Après cette rapide et imparfaite esquisse de la voie douloureuse, nous devons parler d'un des faits les plus marquants de notre séjour dans la ville sainte ; je veux dire le chemin de croix du pèlerinage. On se souvient des deux croix érigées sur la *Guadeloupe* et sur la *Picardie*. Ces deux croix, en bois d'olivier, faites à Paris sur les dimensions connues de la croix de Jésus-Christ, avaient été transportées à Jérusalem. Or, le 19 mai, premier vendredi après notre entrée, on annonça que l'exercice du chemin de la croix se ferait en commun, vers les trois heures du soir, et on invita tous les pèlerins à y prendre part ; on devait suivre exactement l'itinéraire du Sauveur. Comme il y avait deux croix, on se partage en deux groupes. Les plus robustes parmi les prêtres et les laïques de chaque groupe se disputent l'honneur de porter l'arbre sacré ; à mi-chemin, ils seront relayés par d'autres, et ainsi les pieux désirs de tous pourront être satisfaits. Les croix étaient très longues et très pesantes, il ne fallait pas moins de vingt à vingt-cinq hommes pour chacune. Le second groupe devait succéder au premier, après un quart d'heure d'intervalle. Le rendez-vous était au prétoire, et personne n'y manqua.

Ce fut aux yeux des habitants de Jérusalem un événement prodigieux ; cet événement creusait un abîme entre le passé et le présent, et inaugurait un nouvel ordre de choses. Jusqu'à nous, la croix ne pouvait paraître en public ; c'eût été un outrage au croissant, une sorte de provocation, un acte de rivalité intolérable. Et voilà que sans autorisation, sans prendre l'avis d'aucun fonctionnaire, en plein soleil, sous les regards de dix mille Turcs et de six mille juifs, nous arborons au milieu des rues l'étendard du salut. Les chants commencent : Vive Jésus ! vive sa croix ! Femmes, laïques, religieux et prêtres, chantaient, priaient, marchaient, s'agenouillaient, se relevaient ensemble.

Vive Jésus ! vive sa croix ! Les échos des montagnes répètent ce cri de réparation, qu'ils n'avaient pas entendu depuis des siècles. Les cris d'amour succèdent aux cris de haine et de mort qui retentirent dans ces mêmes lieux, le jour du premier vendredi saint.

Vive Jésus ! vive sa croix ! C'était l'expression ardente de la reconnaissance du genre humain représenté par ces mille pèlerins d'Occident. C'était l'expression d'un autre sentiment encore : cette croix qui nous sauva, l'Occident la méconnaît et l'insulte à son tour, après les Juifs. La reine de l'Occident, la France, l'arrache de ses écoles et de ses prétoires. A ces criminelles folies de la patrie en délire d'impiété, il faut répondre par une expiation solennelle. Enfin, cette croix, les fils du Prophète l'ignorent, les fils d'Israël ne la comprennent point. Croix de Jésus, donnez la vie à ces infidèles, ouvrez les yeux à ces aveugles !

Dans cette marche triomphale de la croix, l'attitude de la population de Jérusalem n'a pas cessé d'être admirable. La curiosité muette, l'étonnement, le respect, étaient peints sur tous les visages ; les catholiques pleuraient de joie. Si un troupeau, un équipage, venait à passer, il s'arrêtait, attendant que les pèlerins achevassent la station et laissassent la place libre. Les soldats turcs faisaient la police d'eux-mêmes, et sans rencontrer de résistance. Pendant que les magistrats de la France proscrivaient les processions, au sein de l'islamisme les processions avaient lieu. Pendant que le gendarme français recevait l'ordre de tirer le sabre contre les actes du culte public, le soldat turc protégeait l'exercice public d'une religion qu'il ne connaît pas.

Le lendemain de cette journée mémorable, le père Picard alla rendre visite au consul français, et lui raconta ce qui s'était passé : « Monsieur le consul, ajouta-t-il, j'ai agi sans vous prévenir ; je redoutais des objections, un refus. — J'aurais refusé, » répondit le consul.

Ainsi ce coup hardi avait été couronné de succès. Il en fut de même le second vendredi. Les pèlerins ont pu de cette sorte donner un libre essor à leur piété. On allait isolément dans la cour de la caserne, toutes les portes s'ouvraient, tous les passants s'écartaient respectueusement. Pas un sourire moqueur, pas l'ombre d'un sarcasme. Hélas ! à ce souvenir, les comparaisons se pressent dans l'esprit comme sous la plume. Il est superflu de les consigner.

CHAPITRE VIII

LE TEMPLE

Il n'y a pas de monument plus fameux dans l'histoire que le temple de Jérusalem. Nous nous empressons d'en aller visiter l'emplacement, sous la conduite du savant F. Liévin. Naguère encore il fallait payer un tribut énorme pour avoir le droit d'y pénétrer. Depuis, les conditions sont moins onéreuses ; lorsque l'on se présente en groupe de vingt à trente, le Turc se contente d'une redevance de un franc par tête. Mais l'interdiction la plus absolue continue de peser sur les juifs. Tout enfant d'Israël que l'on surprendrait dans l'intérieur de cette enceinte réservée serait puni du dernier supplice.

On ne peut entrer dans le lieu où fut le temple qu'en y venant depuis la ville. Le mur est ouvert de ce côté sur un assez large espace. Si, après l'avoir franchi, vous tournez le visage au

9

nord, vous avez en face de vous la citadelle ou tour Antonia, qui limite le parvis de l'ancien temple. Elle s'appelait autrefois tour de Baris ; Hyrcan l'avait bâtie, Hérode l'Ascalonite l'habita, et comme il n'était pas aimé du peuple, il en fit recouvrir les murailles de marbre poli, afin de rendre toute escalade impossible et de se garantir contre les émeutes. Pilate y fixa son prétoire et y condamna Jésus-Christ. Nous avons dit plus haut que les Turcs en ont fait une caserne.

L'esplanade du temple est immense ; elle ne mesure pas moins de cinq cents mètres de long sur trois cents de large. A l'entrée, près de la citadelle Antonia, était le premier temple, autrement dit temple des gentils, réservé à ceux des nations étrangères qui voulaient se convertir au judaïsme. Là régnait une galerie de colonnes superbes, dont chacune portait des inscriptions indiquant les conditions requises pour avoir droit d'entrée et pouvoir être admis parmi les enfants du peuple de Dieu.

Le second temple, accessible aux seuls Juifs, avait deux parties : la première était occupée par les femmes. Il n'y avait que les hommes qui pussent pénétrer dans la seconde. On voit encore quatre bases de colonnes qui appartenaient au temple des Juifs. C'était là que se trouvait la chambre du trésor, que l'impie Héliodore avait voulu piller. C'est en ce même lieu que Jésus enseigna les docteurs à l'âge de douze ans, loua le denier de la veuve, pardonna à la femme adultère, et chassa à coups de fouet les vendeurs qui profanaient par leur honteux trafic la maison du Seigneur. C'est encore sur le faîte de ce même temple que Satan transporta le Sauveur, après son jeûne de quarante jours au désert, et lui dit : « Si tu es le fils de Dieu, jette-toi en bas. »

Continuant notre marche du nord au midi, nous traversons l'endroit où fut l'autel des holocaustes, fait de pierres brutes, et nous arrivons à la mosquée d'Omar. A gauche de la porte, un pavillon fort élégant, soutenu par dix-sept colonnes en double cercle, attire notre attention. C'est la *strate* du roi. David y jugeait le peuple, et Salomon y prononça le beau discours rapporté au troisième livre des Rois (ch. VIII). Zacharie y fut massacré, et saint Jacques précipité par ordre d'Hérode.

Il n'est pas permis d'entrer dans la mosquée d'Omar, si l'on n'est accompagné d'un ou de plusieurs musulmans, qui doivent exercer une active surveillance à l'égard des étrangers et leur faire observer les prescriptions de leur rituel. La première de ces prescriptions, c'est que l'on doit ôter sa chaussure avant de franchir le seuil de la mosquée : ce point est de rigueur ; ni le rang, ni le sexe, ni l'âge, n'en exemptent. Mais, une fois introduit, il vous est loisible de substituer une autre chaussure à la première, si vous en êtes muni. L'œil du gardien inspecte avec un zèle digne d'une meilleure cause les pieds de chacun, et le contrevenant est impitoyablement éconduit. En revanche, vous devez garder religieusement le chapeau sur votre tête.

Ce qui frappe dès l'abord, c'est la majesté du monument. On se sent ébloui par la profusion des marbres, des colonnes, des richesses de toute sorte. Les vitraux, d'un genre spécial à l'Orient, où nos verres peints ne pourraient résister à l'action du soleil et de la chaleur, laissent pénétrer une douce lumière, une sorte de demi-jour mystérieux qui s'empare de l'âme et invite au recueillement. La coupole, très élevée, passe pour la plus belle du monde. Sur les murs, à la naissance de la voûte, le Coran est écrit tout entier en langue arabe. Tandis que nous admirions ces merveilles, un Turc chantait avec emphase une interminable prière.

La mosquée d'Omar remplace le sanctuaire, ou le saint des saints de l'ancien temple. Au centre, sous la coupole, se trouve la *pierre sacrée*, ou plus simplement la *sacra*. C'est un bloc de rocher, d'environ dix mètres de large, élevé de quatre à cinq pieds au-dessus du sol. Il est entouré d'une balustrade circulaire qui ne permet pas d'y toucher. L'histoire de ce rocher est d'une incomparable grandeur. Il servit d'autel à Melchisédech lorsqu'il offrit à Dieu son sacrifice figuratif. Abraham le choisit pour y placer le bûcher sur lequel il pensait immoler son fils unique. Dans la suite, un Jébuséen, du nom d'Ornan, en devint le propriétaire et en fit une aire pour y battre son blé. David le lui acheta. Quand Salomon bâtit le temple, la *sacra* fut respectée à cause de ces grands souvenirs.

Elle a été plusieurs fois ensevelie sous les décombres : d'abord, lorsque Nabuchodonosor, ayant pris d'assaut Jérusalem, livra le temple aux flammes; ensuite, après que Titus se fut emparé de la ville. Il avait dit à ses soldats : « Surtout, épargnez le temple ! » Un soldat, qui n'avait pas entendu cet ordre, y mit le feu, pour accomplir la prophétie du Sauveur. Enfin, après la tentative infructueuse de Julien l'Apostat, les habitants de Jérusalem couvrirent la pierre sacrée et les alentours de débris et d'immondices. Mais en 638, le calife Omar, devenu maître de la ville sainte, se rendit dans ce lieu avec son armée. Là, sans dire mot, il s'avance et remplit de ces immondices le pan de sa robe, qu'il va porter hors des remparts. Ses soldats suivent son exemple, et en peu de temps la pierre est dégagée. Puis il fait construire la mosquée qui porte son nom. De nos jours, le sultan a consacré plusieurs millions à son embellissement. La guerre de Crimée ayant épuisé ses trésors, les travaux ont dû être arrêtés.

Au-dessous de la *sacra*, il y avait primitivement une citerne ; on en fit ensuite une grotte. Nous l'avons visitée en sortant de la mosquée, les Turcs y rattachent une foule de légendes ridicules et grotesques.

Derrière la mosquée d'Omar, on trouve une grande fontaine de forme ronde ; elle est alimentée par les Vasques de Salomon à Bethléem, distantes de huit à dix kilomètres. Elle occupe

la place où était la mer d'airain. De l'autre côté
de la fontaine, une seconde mosquée se présente et nous oblige à ôter nos chaussures pour
la seconde fois. C'est la mosquée *El-Aksa*, ou
l'église de la Présentation. La sainte Vierge y
présenta l'enfant Jésus quarante jours après sa
naissance, selon les prescriptions légales. Elle
y fut elle-même présentée par sainte Anne, sa
mère, et vint s'y consacrer à Dieu dès l'âge le
plus tendre.

A quelques pas de la porte d'entrée, nous
sommes arrêtés par un petit monument fu-
néraire. Le F. Liévin, toujours prévenant, devine notre curiosité, et nous apprend que ce
tombeau est celui des meurtriers de saint Thomas de Cantorbéry. Après leur crime, ils
s'étaient croisés pour apaiser leurs remords et
faire pénitence. Ils moururent saintement à
Jérusalem, et furent ensevelis dans cette église.
On voit aussi, derrière le sanctuaire, la place
où le calife Omar s'agenouilla et fit sa prière.
C'est à l'église de la Présentation que l'ordre
des Templiers a pris sa naissance et son nom.
Nous visitons leur salle d'armes, une chapelle
où ils se réunissaient, et quelques restes de
leur couvent. On ne peut se défendre d'un

serrement de cœur au souvenir des croisés
qui ont élevé ce splendide édifice, tombé depuis tant d'années entre les mains des Turcs.
Le vaisseau, long de cent mètres et large de
soixante, ne compte pas moins de sept nefs,
formées par quarante colonnes dont la diversité
ajoute encore au charme de l'ensemble.

Un escalier situé à gauche de la porte descend dans un vaste souterrain que l'on appelle
les écuries de Salomon. Ce qui frappe tout
d'abord, c'est la grandeur colossale des pierres
dont sont formées la voûte et les colonnes.
Nous avons mesuré plusieurs de ces monoli-
thes : ils ont près de six mètres de longueur
sur un mètre de haut et deux de large. On peut
juger par là de la puissance des instruments de
locomotion que possédaient les anciens. L'architecture de ces constructions ne ressemble à
aucune autre ; malheureusement les réparations
successives qu'elles ont subies en ont gâté la
forme en maints endroits. Elles n'en restent
pas moins pour l'artiste le sujet d'une très cu-
rieuse étude.

A l'orient de ce souterrain, il en existe un
autre encore plus étendu, et orné de plus de
deux cents colonnes. Il est interdit depuis quel-

ques années, parce qu'un certain nombre de
ces colonnes menacent ruine. Nous le regrettons
d'autant plus vivement que le saint vieillard
Siméon l'a habité, et que la sainte Famille y
séjourna plusieurs semaines, à l'occasion de la
présentation de Jésus au temple.

Nous nous dirigeons vers la porte Dorée,
dans la partie orientale de l'ancien temple
de Salomon. Elle a fait l'admiration de tous les
pèlerins par l'élégance de son style et le fini de
ses sculptures. Mais il n'est plus possible d'entrer dans l'intérieur de ce merveilleux chef-
d'œuvre, à cause du danger d'écroulement.
C'est par la porte Dorée que Jésus-Christ fit son
entrée triomphale à Jérusalem, le jour des Ra-
meaux. Elle a été fermée depuis et murée,
selon cette prophétie d'Ezéchiel. « *Porta hæc
clausa erit, et vir non ingredietur per eam :*
Cette porte restera close, et aucun homme n'y
passera. » Près de là, on montre le tombeau de
Soliman ; il est protégé par une grille à laquelle
sont suspendus par milliers de petits morceaux
d'étoffe de toute nuance : ce sont les *ex-voto*
des musulmans.

On n'a pas oublié que la loi turque défend
aux juifs l'accès du temple sous peine de mort.

9*

Ils n'ont garde de passer outre, mais ils se
rassemblent tous les vendredis soir, c'est-à-dire
lorsque la fête du sabbat est commencée, auprès du mur occidental du temple, à l'extérieur.
Ce mur est de l'époque salomonéenne. Là, les
malheureux descendants du peuple déicide se
livrent aux pleurs et aux gémissements. Le
vendredi 26 mai, le F. Liévin fit aux hôtes de
Casa-Nova la proposition d'aller voir *pleurer les
juifs*. Personne ne se fit prier. Chemin faisant,
nous passons devant une école bâtie par Saladin
et qui subsiste encore comme école. A notre
arrivée, voici le spectacle qui nous attendait.
Une foule que l'on peut évaluer à quatre à cinq
cents personnes, composée en grande majorité
d'hommes de tous les âges et de toutes les
conditions, était debout, le visage tourné vers
le mur du temple. La plupart tenaient une
bible dans leurs mains et lisaient à haute voix.
Ils avaient l'air profondément tristes. Leur lecture était accompagnée de gestes et de profondes inclinations soit de la tête, soit du corps. A
certains moments, ces inclinations devenaient
très fréquentes. Nous avons vu couler les larmes, et nous avons entendu les soupirs et les
lamentations. Ces larmes et cette douleur sont

sincères, au sentiment du F. Liévin, qui en donne cette explication : les juifs relisent les passages si touchants des prophètes, où Dieu leur fait tantôt les plus magnifiques promesses, tantôt les plus terribles menaces, et leurs cœurs s'attendrissent au souvenir de leur ancienne prospérité comme à la vue de leur misère présente. Parfois ils vont s'appuyer le front contre le rempart, et ils étendent les bras comme pour le serrer dans une brûlante étreinte. Cette scène se prolonge pendant des heures entières.

Le F. Liévin croit à la bonne foi des juifs, du moins de ceux qui résident à Jérusalem. Selon lui, ils sont persuadés que le Messie est venu, mais qu'il se cache à cause de leurs péchés, et qu'il se manifestera quand ils en seront dignes. C'est pourquoi ils prétendent faire pénitence de leurs prévarications. Ils ont toujours leur grand prêtre, qui passe pour être de la tribu de Lévi, et qui peut justifier de sa généalogie jusqu'au quatrième ou au troisième siècle de l'ère chrétienne. Quant aux rites mosaïques concernant les sacrifices, ils répondent que leur observation étant devenue impossible, ils en sont dispensés.

Le bon frère pense de même à l'égard des schismatiques des diverses sectes, sans en excepter les prêtres. S'il faut l'en croire, sur un millier de schismatiques, il n'en est pas un qui doute, grâce à leur ignorance relative et aux préjugés d'éducation.

Les Grecs d'ailleurs sont fort riches à Jérusalem ; ils possèdent des propriétés considérables en Palestine et en Bulgarie. Il est d'usage que les personnes opulentes de leur nation fassent présent d'un fonds à un prêtre en résidence dans la ville sainte, à la condition qu'il célèbre un certain nombre de messes, par exemple, une par semaine, à leur intention, pendant toute sa vie. Quand il meurt, le fonds revient de droit au monastère schismatique grec de Sainte-Croix ou à quelque autre. Telle est la cause de leur fortune et de leur prépondérance.

CHAPITRE IX

LA SAINTE VIERGE A JÉRUSALEM

Nous avons eu l'intention de réunir, sous ce titre, les différents souvenirs qui se rattachent à la vie et à la mort de l'auguste Marie, soit dans la ville même de Jérusalem, soit dans les environs. L'enfant qui pour la première fois visite un pays lointain, où sa mère a vécu de longues années, se sent porté, par une inclination naturelle de son âme, à chercher les moindres traces de ses pas ; il n'est aucun vestige, si faible qu'il soit, qui ne lui devienne précieux et qui ne fasse battre son cœur de joie et d'amour. C'est ce même sentiment, commun du reste à tous les pèlerins, qui a donné lieu aux détails qui vont suivre.

Entre le petit couvent de la Flagellation et la porte Saint-Etienne, il y a une grande et belle église nouvellement restaurée, et desservie par les missionnaires d'Alger. Les musulmans s'en étaient emparés, mais après la guerre de Crimée elle fut rendue aux latins. Cette église, dédiée à sainte Anne, occupe l'emplacement de la maison du père et de la mère de la sainte Vierge. Au milieu de la nef de droite, on descend un large escalier qui aboutit à une crypte composée d'un vestibule nu, d'une petite chapelle et de deux absides. C'était primitivement une grotte, creusée dans le rocher, et qui faisait partie de la maison de saint Joachim et de sainte Anne ; c'est le lieu de l'Immaculée Conception.

On peut voir à quelques pas de cette église les ruines de deux piscines mentionnées par l'évangile de saint Jean : la piscine probatique et une autre appelée Bethsaïda. C'est à celle-ci que Jésus guérit un malade qui était paralysé depuis trente-huit ans. La piscine Bethsaïda possédait une vertu miraculeuse. L'ange du Seigneur y descendait par intervalles, et agitait l'eau ; et celui qui le premier était plongé daus la piscine après le mouvement de l'eau était guéri, de quelque infirmité qu'il fût atteint. Est-ce une témérité d'y voir une image de la

Vierge, dont la naissance a apporté le remède à tous nos maux ?

La maison de saint Joachim et de sainte Anne était proche du temple. Dès que la sainte enfant eut atteint sa troisième année, elle vint s'y consacrer à Dieu, et elle y choisit sa demeure au milieu des vierges d'Israël, pour un temps qui n'est pas déterminé. On pense que l'emplacement de son habitation est indiqué par la coupole de la mosquée El-Aksa, dont il a été parlé plus haut. Lorsque ses parents quittèrent Jérusalem pour aller se fixer à Nazareth, elle les suivit et y séjourna jusqu'aux derniers temps de la vie publique de Jésus-Christ. Pendant cette longue période, nous ne la retrouvons que deux fois dans la ville sainte : d'abord, dans le lieu souterrain voisin de la mosquée El-Aksa, à l'occasion de la présentation de l'enfant Jésus ; ensuite, dans le temple dit des Juifs, quand Jésus, à l'âge de douze ans, resta, à l'insu de ses parents, parmi les docteurs de la loi. Depuis lors, nous interrogeons vainement toutes les pierres, tous les chemins ; ils sont muets jusqu'au moment du spasme, c'est-à-dire jusqu'à l'heure où la pauvre mère, en abordant son fils à la quatrième station de la voie douloureuse, tombe en défail-

lance. Nous ne répéterons pas ce qui a été dit
de la chapelle de Notre-Dame des Sept-Douleurs,
de la *Mater dolorosa*, de la chapelle de l'Apparition de Jésus à sa mère, et du cénacle, où la
sainte Vierge passa dix jours dans la retraite en
compagnie des apôtres. Personne n'ignore que
le dixième jour, au moment où le Saint-Esprit
descendit en forme de langues de feu, ces langues se reposèrent d'abord sur la tête de la
divine Vierge, pour se répandre ensuite sur
chacun des apôtres groupés autour de leur
reine.

Saint Jean possédait, dans le voisinage du
cénacle, une maison dans laquelle il recueillit
la sainte Vierge après la mort de Jésus-Christ.
Elle se trouvait entre le cénacle et le cimetière
grec. Il n'en reste plus rien que les débris d'un
mur à l'ouest, parmi lesquels on voit deux
grandes pierres carrées, marquées d'une croix
grecque au milieu. L'une d'elles passe pour
avoir appartenu à la maison de l'apôtre bien-
aimé.

C'est donc là que Marie recevait chaque jour,
des mains de son fils adoptif, sous les espèces
sacramentelles, le corps et le sang de son divin
Fils. C'est là que, dans des conversations toutes

célestes, elle communiquait à saint Jean ces
flammes de charité qui l'ont fait surnommer
l'apôtre de l'amour. C'est de là qu'elle aimait
à diriger ses pas tantôt vers le Calvaire, témoin
des opprobres et de la glorieuse résurrection du
Sauveur, tantôt vers la montagne de l'Ascension.
Elle consolait ainsi son exil et nourrissait son
cœur de précieux souvenirs ; la véhémence de ses
désirs en augmentait encore. Elle soupirait avec
une ardeur toujours croissante vers son Bien-
Aimé. Un jour, l'archange Gabriel, le même qui
lui avait annoncé l'incarnation du Verbe, lui
apparut sur le mont des Oliviers, et lui prédit
que dans trois jours elle serait réunie au ciel
avec son Fils. La tradition a conservé la mémoire du lieu de cette apparition. Il se trouve à
gauche de celui où Jésus s'éleva dans les airs,
mais plus bas, et à une distance d'environ cinq
cents mètres. A cette nouvelle, qui mettait le
comble à ses vœux, la bienheureuse Vierge ren-
tre à la hâte, pour attendre dans le recueillement, dans la prière, dans l'ivresse de la sainte
espérance, le moment où elle quittera enfin la
terre et sera introduite dans les tabernacles
éternels. Qui nous redira ses ardeurs et ses ex-
tases ? Elle écoute, silencieuse et ravie, la voix

intérieure de l'esprit qui lui dit : « *Jam hiems transiit* : maintenant le temps de l'hiver, c'est-à-dire des tribulations, est passé ; *surge, amica mea, et veni* : lève-toi, ô ma bien-aimée, et viens. *Veni, coronaberis* : viens recevoir la couronne de reine des hommes et des anges. » Et la Vierge, à son tour, s'écrie : « *Vox dilecti mei* : j'entends la voix de mon Fils et de mon Dieu ; il vient me chercher à travers les espaces : *venit transiliens colles.* Filles de Jérusalem, anges du ciel, qui jouissez de sa vue, je vous adjure, annoncez-lui que je languis d'amour : *Adjuro vos ut nuntietis ei quia amore langueo.* » Et ce cœur, consumé des pures flammes de la charité divine, donna son dernier battement, et cette poitrine virginale exhala son dernier soupir, et les esprits bienheureux vinrent à la rencontre de l'immaculée Marie pour lui faire un glorieux cortège, et ce fut dans les cieux une fête incomparable.

La sainte Vierge avait choisi sa sépulture dans le lit du Cédron, qui traverse, comme il a été dit, la vallée de Josaphat. A peine le convoi funèbre était-il sorti de la maison mortuaire, qu'il fut assailli par une troupe de forcenés ayant à leur tête un prêtre qui dirigeait l'attaque.

Selon les uns, ils tenaient dans leurs mains des pierres pour en frapper le cercueil, que portaient les apôtres. Selon les autres, ils se mirent en travers du chemin, et le prêtre étendit son bras dans le dessein de renverser le brancard. Leur crime fut puni à l'instant même ; ils perdirent subitement la vue, et leur indigne chef eut le bras paralysé. Saisis de crainte et de repentir, ces malheureux conjurent les apôtres d'intercéder en leur faveur. Les apôtres se mettent à genoux pour invoquer la médiation de la Vierge très clémente, qui les guérit tous, et, mieux encore, les convertit à la foi du Christ. Le lieu où s'est accompli ce miracle multiple est indiqué par un tronçon de colonne fixé dans le sol, à quelques pas de l'emplacement de la maison de saint Jean, de l'autre côté du chemin. Ainsi, le premier miracle opéré par la Mère du Sauveur porte le cachet de la plus ineffable miséricorde envers les plus vils insulteurs ; et quel est l'homme si coupable qui n'y trouverait un tout-puissant motif de confiance ?

Le tombeau de la très sainte Vierge avait été creusé dans la paroi droite du lit du Cédron, auprès de ceux de saint Joseph, de saint Joachim et de sainte Anne. Elle en sortit vivante

et glorieuse le troisième jour, comme Jésus-
Christ, et s'éleva au ciel en présence de l'apôtre
saint Thomas. Comme celui-ci la suivait des
yeux à travers l'espace, elle laissa tomber sa
ceinture sur un rocher qui peut être distant de
quarante mètres de son tombeau, à l'orient, sur
le bord du chemin, du côté droit. L'apôtre recueillit avec soin ce précieux trésor, qui est conservé à Prato, dans la Toscane.

Sainte Hélène fit construire, sur le tombeau
de la sainte Vierge, une basilique semblable à
celle du Saint-Sépulcre, mais de proportions
bien moindres. C'est celle que l'on voit encore
aujourd'hui ; seulement, les vicissitudes des
guerres, le temps et diverses restaurations lui
ont porté de notables atteintes. Les grecs l'ont
volée aux franciscains, et, seuls de tous ceux qui
portent le nom de chrétiens, les catholiques en
sont exclus pour leurs offices. Cette basilique
est toute voisine de la grotte de l'Agonie. Quand
on veut s'y rendre depuis cette grotte, on revient un peu sur ses pas, puis on se dirige vers
le nord. Bientôt on arrive auprès d'un premier
escalier qui conduit au parvis de la basilique ;
ce parvis est très resserré ; on le traverse pour
arriver à la plus misérable porte d'entrée qu'on

puisse imaginer. Elle s'ouvre sur un autre escalier de quarante-huit marches, au milieu duquel on aperçoit, à droite, une chapelle renfermant les tombeaux de saint Joachim et de sainte Anne. A quelques degrés plus bas, de l'autre côté, se trouve la chapelle de Saint-Joseph, qui contient le tombeau du saint patriarche. Au bout de l'escalier, on est dans la basilique proprement dite de l'Assomption, fort obscure et très pauvre. Nous dirigeant à droite, c'est-à-dire vers l'orient, nous arrivons à l'édicule isolé qui renferme le tombeau de la sainte Vierge. C'est un petit monument carré, contre lequel est adossé un autel. Quelques lampes sont suspendues çà et là et ne projettent qu'une lueur insuffisante. On pénètre dans l'intérieur par une porte ouverte à l'ouest, et on se trouve en face du sépulcre où reposa le corps de l'auguste Vierge ; il est revêtu de marbre et éclairé par un grand nombre de lampes. Pourquoi faut-il que les schismatiques nous l'aient ravi et jouissent en paix du fruit de leur rapine ? Mais, une fois de plus, adorons les desseins impénétrables de la Providence, et taisons-nous !

Si, en quittant la basilique de l'Assomption ou de la Dormition de Marie, on suit la vallée de Josaphat, du nord au midi, au bout d'un quart d'heure ou vingt minutes on arrive vis-à-vis des premières habitations du village de Siloé. C'est près de là que se trouve, à quelques pas du chemin, à droite, au bas de la colline d'Ophel, la fontaine de Siloé, appelée aussi fontaine de la Vierge par les chrétiens, et fontaine de Madame Marie par les musulmans. Ce nom lui vient de ce que la Mère de Jésus, pendant le séjour qu'elle fit auprès du temple, à l'époque où elle dut y présenter son Fils, descendit plusieurs fois à cette fontaine. Elle est d'un abord assez difficile. Un escalier d'une quinzaine de marches donne d'abord accès sur un palier voûté, d'où l'on continue à descendre un nombre à peu près égal de degrés dont les parois sont taillées dans le roc. On est alors en présence de la source même, que le prophète Isaïe a chantée comme étant une figure de la grâce divine.

Nous devons ajouter, pour être complets, que l'on conserve dans l'église des syriens jacobites un portrait de la sainte Vierge, peint par saint Luc, et qui est fort apprécié des connaisseurs. Il est encadré, sans luxe, au-dessus de l'autel principal. Nous l'avons contemplé jusqu'à en avoir le sens de la vue troublé et fatigué. Les syriens prétendent, en outre, que la sainte Vierge aurait été baptisée dans cette même église, qui fut anciennement la maison de Jean Marc, où les nouveaux chrétiens étaient rassemblés pour demander à Dieu de délivrer saint Pierre de prison, lorsque celui-ci, rendu miraculeusement à la liberté, frappa tout à coup à la porte et leur raconta qu'un ange avait brisé ses fers.

Qu'on nous permette une réflexion par laquelle nous terminerons ce chapitre. L'église de Sainte-Anne, où l'on vénère la crypte de l'Immaculée-Conception, a été cédée à la France le lendemain, pour ainsi dire, de la proclamation du dogme. Il semble que la vierge Marie ait voulu récompenser ainsi notre chère patrie, qui venait d'acclamer, avec un si vif enthousiasme, la définition pontificale. Peu de temps après, elle apparaissait encore sur le sol français, à Lourdes, et se révélait sous ce beau titre de l'Immaculée Conception. Les pèlerins de la pénitence, s'inspirant de ces souvenirs, n'ont pu s'empêcher d'y voir un présage de salut, et, comme gage de leur confiance envers Marie, ils ont fait présent à l'église Sainte-Anne d'une magnifique statue de Notre-Dame de Lourdes.

CHAPITRE X

Nous sortons de nouveau par la porte Saint-Etienne, à l'orient de la ville, et nous descendons dans la vallée de Josaphat. Après cinq minutes de marche, nous nous arrêtons auprès du rocher où saint Etienne fut lapidé, et dans une ardente prière nous demandons au premier de tous les martyrs, pour les membres militants de l'Eglise, cette invincible énergie qu'il déploya contre les ennemis de la foi. Avant d'aller plus loin, jetons un regard sur cette vallée, dont le nom réveille les plus graves pensées dans l'âme du chrétien.

La vallée de Josaphat peut avoir une longueur de quatre kilomètres ; sa largeur moyenne ne dépasse pas deux cents mètres. A l'est, elle sépare Jérusalem du mont des Oliviers, et entoure la ville sainte du nord-ouest au sud-est.

Ses deux pentes sont couvertes de tombes juives ; les fils d'Israël s'y font tous enterrer, afin, disent-ils, de ressusciter au lieu même où se fera le jugement général. C'est en effet dans cette vallée que, d'après le prophète Joël, le Fils de Dieu jugera toutes les nations à la fin des temps, pour faire éclater sa gloire et sa puissance sur le théâtre même de ses humiliations et de ses douleurs [1].

Nous remontons la pente occidentale par une large route jusqu'au jardin de Gethsémani, à trois cents pas du rocher de Saint-Etienne. A partir du jardin, deux sentiers se présentent, qui tous deux aboutissent à la basilique de l'Ascension, sur le sommet de la montagne. L'un est plus court et plus rapide ; c'est celui que nous prendrons. A mi-côte, on rencontre une mosquée en ruines, que les Turcs ont substituée à la chapelle du *Dominus flevit,* ainsi appelée parce qu'elle marquait l'endroit où Jésus-Christ pleura sur Jérusalem. Le pèlerin y fait toujours une petite halte, et relit avec émotion

[1] Si l'on prend l'expression de Joël dans le sens littéral, comme le fait ici l'auteur, il faut dire, non pas que cette vallée renfermera tous les hommes à juger, mais qu'elle formera le centre de cette immense et dernière assemblée. *(Note de l'éditeur.)*

le passage de saint Luc qui rapporte ce fait
(ch. xix) : « Comme Jésus approchait, venant
de la montagne des Oliviers, à la vue de la ville,
il pleura sur elle, disant : Si tu avais connu, toi
aussi, et du moins dans ce jour qui t'appartient
encore, ce qui peut te donner la paix ! Mais
maintenant ces choses sont cachées à tes yeux.
Car des jours viendront sur toi, et tes ennemis
t'environneront de tranchées ; et ils t'enferme-
ront, et ils te presseront de toutes parts. Et ils
te renverseront par terre, toi et tes enfants qui
sont au milieu de toi, et ils ne laisseront pas en
toi pierre sur pierre, parce que tu n'as pas connu
le temps où tu as été visitée. » Quarante ans
plus tard, cette terrible prophétie s'accomplis-
sait à la lettre. En méditant ce passage, on se
tourne instinctivement vers Jérusalem comme
Jésus-Christ, et on croit l'entendre encore. Chaque parole du texte sacré retentit dans les pro-
fondeurs de l'âme, au spectacle que l'on a sous
les yeux. Jérusalem s'étale tout entière à nos
pieds ; malgré sa désolation, elle reste belle
sous son vêtement de ruines. Un voile funèbre
l'enveloppe, et pourtant elle conserve une physionomie auguste, un cachet de majesté et d'in-
définissable grandeur.

Nous poursuivons notre chemin d'un pas plus lent, absorbés dans nos réflexions, et nous entrons bientôt au couvent du *Pater*, habité par des carmélites. Ce nom lui vient de ce qu'il occupe le lieu où le Sauveur enseigna aux apôtres la divine prière de l'oraison dominicale. Une vaste clôture entoure le couvent ; à l'extrémité, du côté de l'ouest, et dans la clôture, se trouve la grotte souterraine du *Credo*, dans laquelle les apôtres réunis composèrent le symbole de notre foi. Elle a été transformée en chapelle, par les soins de la princesse de la Tour d'Auvergne, fondatrice du monastère.

L'établissement des carmélites touche, pour ainsi parler, au lieu proprement dit de l'Ascension ; il n'en est séparé que par le chemin. Ici encore, la basilique chrétienne est remplacée par la hideuse mosquée. Celle de l'Ascension est étroite et pauvre ; elle recouvre la pierre sur laquelle Jésus posa ses pieds avant de monter au ciel. Cette pierre portait primitivement l'empreinte des deux pieds ; maintenant il ne reste plus que celle du pied gauche ; l'autre a été enlevée pièce par pièce, grâce à la piété mal entendue de quelques pèlerins des siècles passés.

Les franciscains sont admis à célébrer les

saints mystères dans la mosquée chaque année, pour la fête de l'Ascension. Le pèlerinage a bénéficié de ce droit ; dès la veille au soir, 17 mai, nous étions là réunis pour chanter l'office divin. Quelques prêtres ont pu y offrir aussi l'adorable sacrifice, aux premières heures du jour. Mais tous les autres ont célébré dans la chapelle et dans le cloître des carmélites, où l'on avait dressé plus de vingt autels portatifs.

Auprès de la mosquée s'élève un minaret. On peut y monter, en payant un léger tribut. Du haut du minaret, la perspective a quelque chose de magique. Devant vous, Jérusalem avec son panorama unique au monde. Derrière vous, la mer Morte, qui paraît toute rapprochée et qui dort au milieu d'un désert. Au nord de la mer Morte, le Jourdain ; l'œil n'en découvre point les eaux, elles sont dissimulées par les rochers et les arbres qui encadrent le fleuve, mais on distingue nettement les sinuosités de son cours.

Quand on se rend du couvent des carmélites au minaret, on aperçoit à sa gauche une porte qui regarde l'occident et qui donne accès dans une grotte. C'est là qu'une comédienne en renom, convertie par l'évêque d'Edesse, saint Nonne, vint, au vᵉ siècle, fixer sa demeure et pleurer ses fautes ; elle changea son nom de Marguerite contre celui de Pélagie, et l'Eglise l'a inscrite dans le catalogue des saints.

A quatre cents mètres de là, au nord, se trouve le mont du *Viri Galilæi*. C'est en cet endroit que deux anges vêtus de blanc apparurent aux cent vingt témoins de l'Ascension du Sauveur, tandis qu'ils le regardaient s'élevant au ciel, et leur adressèrent ces paroles rapportées dans les Actes des apôtres : « *Viri Galilæi, quid hic statis aspicientes in cœlum :* Hommes de Galilée, pourquoi demeurez-vous là, regardant au ciel ? Ce même Jésus, qui du milieu de vous s'est élevé au ciel, en descendra de la même manière que vous l'y avez vu monter. »

Si maintenant l'on revient sur ses pas jusqu'au couvent du Pater et que l'on continue à marcher vers l'orient, on arrive, après dix minutes, à Bethphagé. C'est le village où deux disciples de Jésus vinrent, d'après son ordre, prendre l'ânesse et l'ânon sur lesquels il monta pour faire son entrée triomphale à Jérusalem. Il ne reste plus rien de Bethphagé que les fondements de quelques maisons. De ce point on domine Béthanie, distant d'un kilomètre environ.

10*

Béthanie ! que ce nom éveille de pieux et
doux souvenirs ! C'est à Béthanie que Jésus se
plaisait à venir souvent, dans cette famille de
Lazare, qui était la famille privilégiée de son
cœur et de ses miséricordes. Lazare l'introdui-
sait dans sa maison, Marthe préparait les repas,
tandis que Marie, assise aux pieds du Maître qui
lui avait pardonné beaucoup parce qu'elle avait
beaucoup aimé, écoutait les oracles de l'éternelle Sagesse et nourrissait son âme des paroles
de vie. Nous cherchons inutilement des traces
de cette maison ; tout a disparu. Voilà cependant les rejetons de l'olivier sous lequel Marie
se tenait, au moment où Marthe, après la mort
de Lazare, étant allée à la rencontre de Jésus,
revint en courant et dit à sa sœur : « Le Maître
est là, et il t'appelle. » Marie se lève, et en
abordant Jésus lui répète les mêmes paroles que
Marthe lui avait adressées tout à l'heure : « Seigneur, si vous aviez été ici, mon frère ne serait
pas mort. »

Ceci nous conduit à visiter un banc de rocher
qui porte le nom de *pierre du colloque*, et qui
se trouve à quelques centaines de mètres de
Béthanie, dans la direction du nord-est. Jésus
et Marthe se rencontrèrent sur ce rocher. Jésus

était vivement ému, Marthe fondait en larmes ; la conversation s'engage. « Seigneur, si vous aviez été ici, mon frère ne serait pas mort ; mais, maintenant même, je sais que tout ce que vous demanderez à Dieu, Dieu vous le donnera. » Jésus lui répond : « Votre frère ressuscitera. » Marthe lui dit : « Je sais qu'il ressuscitera au temps de la résurrection, au dernier jour. » Jésus lui dit : « Je suis la résurrection et la vie ; celui qui croit en moi, quand même il serait mort, vivra ; et quiconque vit et croit en moi ne mourra jamais. Croyez-vous cela ? — Oui, Seigneur, s'écrie Marthe ; je crois que vous êtes le Christ, Fils du Dieu vivant, qui êtes venu en ce monde. »

Revenons à Béthanie avec Jésus, les apôtres et les deux sœurs de Lazare. Chacun pleurait. « Où l'avez-vous mis ? » demanda le Sauveur. Et on lui montra le tombeau de Lazare. Il y descendit et fit ôter la pierre. Mais aussitôt une odeur infecte s'exhale du cadavre, et Marthe pousse ce cri : « Seigneur, il sent déjà mauvais, car il est à son quatrième jour. » Jésus crie d'une voix forte : « Lazare, viens dehors. » Et Lazare se leva, il avait les pieds et les mains liés de bandelettes ; un suaire lui couvrait le visage. « Déliez-le, dit Jésus, et laissez-le aller. »

Tous les pèlerins ont voulu descendre dans cette grotte, visiter ce tombeau près duquel Jésus fit éclater sa divinité. Le temps a respecté le tombeau et la grotte. Les Turcs en sont les maîtres ; une femme nous a ouvert la porte, toujours fermée à clef. On descend quelques marches, et l'on arrive dans un vestibule ; à gauche du vestibule, un nouvel escalier se présente et conduit à la chambre sépulcrale. Elle peut mesurer dix pieds carrés.

Nous retournons sur nos pas jusqu'à la vallée de Josaphat et nous prenons à gauche, dans la direction du village de Siloé. Chemin faisant, trois monuments antiques sur le versant occidental sollicitent notre attention. Le premier est le tombeau d'Absalon, mais Absalon, qui l'avait fait ériger, n'y a point été enseveli. Quand les juifs passent en cet endroit, ils lancent une pierre contre ce tombeau, en signe d'exécration pour la mémoire de ce fils révolté. A côté, derrière un mur, est caché le cénotaphe élevé à la mémoire du roi Josaphat. Le second monument, très rapproché du premier, après avoir servi de retraite à saint Jacques le Mineur, devint ensuite son tombeau ; il se divise en trois chambres funéraires, dont chacune a plusieurs compartiments. Les troupeaux s'y réfugient dans le mauvais temps. Nous sortons de ce caveau pour entrer aussitôt après dans le troisième monument, qui est un monolithe carré, surmonté d'une pyramide : c'est le tombeau de Zacharie, fils de Barachie, qui fut lapidé par les Juifs, l'an 877 avant Jésus-Christ, parce qu'il leur reprochait leurs désordres [1].

En continuant de descendre la vallée de Josaphat l'espace de trois cents pas, le F. Liévin nous arrête pour nous signaler, à notre gauche, le mont du Scandale, qui n'est séparé de la montagne des Oliviers que par une légère dépression de terrain. Salomon y bâtit des temples aux faux dieux des femmes étrangères. Le village de Siloé est assis sur son flanc ; nous n'y abordons point, parce qu'il passe pour fanatique. Nous ne dirons rien de la fontaine de la Vierge, qui se trouve vis-à-vis du village, at-

---

[1] Plusieurs commentateurs fort respectables reconnaissent, dans ce Zacharie, un personnage de ce nom, fils de Barach, mis à mort un peu avant la prise de Jérusalem par les Romains. Ils ajoutent qu'ici Notre-Seigneur a parlé en prophète, et qu'il faut *occidetis* au lieu d'*occidistis*. *(Note de l'éditeur.)*

tendu que nous en avons parlé dans le précédent
chapitre. Près de là on voit les anciens jardins de
Salomon et la piscine de Siloé ; le neuvième
chapitre de saint Jean est consacré tout entier
à raconter la guérison miraculeuse d'un aveu-
gle-né, que Jésus-Christ envoya se laver dans
cette piscine. Nous visitons ensuite le lieu du
martyre du prophète Isaïe, que le roi Manassès
fit scier en deux ; il est indiqué aujourd'hui par
un mûrier. Le puits de Néhémie est un peu plus
bas, à une distance de quatre cents mètres. Ce
puits est fameux par un des plus grands miracles de l'ancienne loi. Lorsque les Juifs parti-
rent pour la captivité de Babylone, ils y cachè-
rent le feu sacré qui était constamment allumé
dans le temple. Au retour, on ne trouva plus
que de la boue. Néhémie ordonna de répandre
cette boue sur le bûcher des victimes, qui prit
feu tout à coup.

Nous sommes ici à l'extrémité de la vallée de
Josaphat, qui communique, presque à angle
droit, avec la vallée d'Hennom ou de la Gé-
henne, vallée profonde, sauvage, dont Jésus-
Christ a fait la figure de l'enfer. Nous nous engageons dans un sentier montant et raboteux qui
la domine au nord, et d'où l'œil plonge dans

une gorge resserrée. Au-dessus de cette gorge
est situé le champ d'Haceldama, qui fut acheté
avec les trente deniers de Judas pour la sépulture des étrangers. Si nous détournons nos regards vers le sud-ouest, nous avons devant
nous la montagne du Mauvais-Conseil. Caïphe y
possédait une maison de plaisance, où les ennemis du Sauveur furent convoqués pour déli-
bérer sur les moyens à prendre pour le faire
mourir. Nous obliquons à droite, vers le mont
Sion, et au bout d'un quart d'heure nous sortons du sentier et nous arrivons, à travers un
champ de melons, à la grotte de Saint-Pierre.
Qu'on se représente une excavation profonde,
formée naturellement par des rochers, comme
il y en a tant dans la Palestine. L'ouverture,
large et haute, regarde l'orient. Pendant l'hiver, les troupeaux viennent souvent y chercher
un abri. Ce détail, que nous recueillons de la
bouche de notre si dévoué guide, est confirmé
par la forte odeur qui se dégage de l'intérieur
de la grotte. Au reste, aucun insigne religieux,
rien qui éclaire ou qui aide la piété du visiteur.
Et pourtant, cette grotte si délaissée, elle a été
le témoin du repentir et des larmes de celui qui
fut le prince des apôtres et le chef de l'Eglise.

Nous atteignons ensuite, non sans fatigue, le chemin qui va du cénacle à la porte de Jaffa, en longeant les murs de la ville du côté de l'ouest. C'est là que la formidable armée de Sennachérib était campée lorsque l'ange du Seigneur l'extermina; là aussi que Tancrède, un des plus vaillants chef des croisés, livra l'assaut le 14 juillet 1099.

On peut de là gagner la porte de Damas, au nord, par un chemin de ceinture qui passe entre le quartier russe et les remparts. Il y a environ deux cents mètres depuis la porte de Damas aux cavernes royales, sorte de catacombes qui s'étendent fort loin sous la ville, et d'où furent extraites en partie les pierres qui servirent à la construction du temple. Hérode Agrippa, voulant isoler Jérusalem, coupa ces cavernes par une route stratégique et par des fossés profonds. Il en résulte que la grotte de Jérémie, qui en faisait naturellement partie autrefois, en est maintenant séparée, et se trouve à gauche du chemin que nous avons pris. La tradition rapporte qu'il y composa ses admirables Lamentations. Plus loin, une citerne taillée dans le roc passe pour avoir servi de prison au prophète. On montre aussi son lit, ou plutôt le rocher sur lequel il dormait, dans l'intérieur de la grotte. Nous ouvrons la Bible, pour lire ou plutôt pour écouter les accents lugubres de cette voix prophétique ; on ne peut rien imaginer de plus saisissant que cette lecture, en face des ruines de la cité déicide.

Revenons en arrière jusque sur la grande route qui part de la porte de Damas, dans la direction du nord. Après dix minutes de marche, nous arrivons au Tombeau des Rois, ruine magnifique, mais qui perd beaucoup de son intérêt à nos yeux, lorsqu'on nous apprend que les rois de Juda n'y furent jamais ensevelis. C'est pour une reine d'Adiabène qu'il fut construit, au premier siècle de l'ère chrétienne. Elle se nommait Hélène ; ayant embrassé le judaïsme, elle vint se fixer à Jérusalem et y mourut. Sa famille lui éleva ce monument.

CHAPITRE XI

Nous l'avons insinué dès les premières lignes de cet ouvrage : un souffle d'en haut passe sur Jérusalem. C'est plus qu'un progrès, c'est une transformation religieuse qui s'opère sur cette terre frappée, semble-t-il, d'une éternelle réprobation. Jusqu'à notre temps, les fils de saint François représentaient seuls le catholicisme ; ils avaient acquis ou conservé, au prix de tous les sacrifices, au péril même de leur vie, le couvent du Saint-Sauveur, celui du Saint-Sépulcre et celui de la Flagellation. Mais, en dehors de la famille franciscaine, on aurait dit qu'une invincible barrière arrêtait aux portes de la Palestine et de la ville déicide cette merveilleuse variété d'œuvres et d'institutions par lesquelles l'Esprit de Dieu manifeste sa présence et son action au sein de l'Eglise. Il était réservé à assistants furent admis à baiser le pied de la statue, en priant pour le retour des dissidents au bercail de l'Eglise.

A peu près dans le même temps que les frères des Ecoles chrétiennes fondaient une maison à l'ombre du patriarcat, les missionnaires d'Afrique prenaient possession de l'église Sainte-Anne et s'y construisaient un couvent. Ils tiennent une école apostolique dans laquelle sont admis les enfants qui veulent se consacrer aux missions. Ce sont les enfants des grecs-unis, qui généralement sont très pauvres. Aussi les reçoit-on gratuitement. Les demandes sont trois fois plus nombreuses que ne le comporte l'exiguité des locaux. Ils sont élevés dans le rit grec, et c'est pourquoi les missionnaires du couvent, qui sont au nombre de cinq, dont trois prêtres et deux simples religieux, tous Français, se sont adjoint un prêtre grec-uni qui dirige ces jeunes enfants conformément à sa liturgie. Les pèlerins ont assisté, dans le cours de la dernière semaine, à une messe de ce rit, où les élèves ont reçu la communion sous les deux espèces. Leur piété, leur recueillement, nous ont profondément édifiés. On nous avait dit qu'un grand mouvement se produisait parmi les grecs non unis de ces contrées, dans le sens du retour à l'Eglise ; puissent ces jeunes élèves, qui seront demain des ouvriers évangéliques, devenir les instruments de la grâce pour recueillir une moisson qui paraît mûre !

Avant les frères et les missionnaires d'Afrique, plusieurs communautés de femmes s'étaient implantées à Jérusalem, grâce au zèle de Mgr Valerga. Il avait fait venir les sœurs de Saint-Joseph et leur avait confié le nouvel hôpital français de Saint-Louis, qui touche aux établissements russes en dehors des remparts ; elles tiennent en outre une école de filles. Bientôt après, le P. de Ratisbonne, Juif de nation, converti miraculeusement par la sainte Vierge, qui lui apparut à Rome dans l'église Saint-André *delle Frate*, arrivait avec les dames de Sion, achetait pour elles une partie de l'arcade de l'*Ecce homo* et le terrain adjacent, bâtissait en cet endroit la chapelle de l'*Ecce homo* et un monastère auquel on a depuis annexé un pensionnat, et se faisait avec ses religieuses l'apôtre des juifs.

Cette chapelle des dames de Sion nous fut assignée comme rendez-vous pour le mercredi 24 mai. La direction du pèlerinage avait voulu l'enrichir d'une statue de sainte Philomène,

CHAPITRE XII

BETHLÉEM

Le chemin de Jérusalem à Bethléem est carrossable, chose rare en Palestine ; on aurait tort d'en conclure qu'il est facile. Aucun cocher de France n'oserait s'y engager ; mais les chevaux et les véhicules de l'Orient le parcourent sans accident. Le trajet est de sept kilomètres, du nord au sud. Les pèlerins le faisaient tantôt à pied, tantôt à cheval ou en voiture. Du reste, aucun jour n'avait été désigné pour visiter le sanctuaire de Bethléem, chacun s'y transportait à son gré.

Nous sortons de Jérusalem par la porte de Jaffa ou d'Hébron, et nous traversons la plaine de Raphaïm, qui fut le théâtre de plusieurs victoires de David contre les Philistins. On montre, à mi-chemin, le lieu où les Mages virent de nouveau l'étoile miraculeuse, qui s'était un ins-

tant dérobée à leurs regards. Près de là se trouve
le rocher sur lequel dormit le prophète Élie,
fuyant le courroux de Jézabel, et au sommet
d'une colline, le couvent grec qui porte le nom
de ce saint personnage. Un peu plus loin, à
droite, nous visitons les ruines d'une église
bâtie à l'endroit où l'ange enleva par les cheveux
le prophète Habacuc, qui portait à manger à ses
moissonneurs, et le transporta en un clin d'œil
à Babylone, sur la fosse aux lions dans laquelle
le roi avait fait enfermer Daniel. Et Habacuc
cria, disant : « Daniel, serviteur de Dieu, prends
le dîner que Dieu t'envoie. » Et il se retrouva
dans les champs de Bethléem aussitôt après.

Le tombeau de Rachel est à un quart d'heure
de la ville ; il est blanchi à la chaux, on le pren-
drait pour une petite mosquée surmontée d'une
coupole. C'est la propriété des juifs, qui l'ont
en singulière vénération. Mais tous ces souvenirs de l'Ancien Testament ne font qu'effleurer
nos âmes. Ce que nous cherchons, c'est l'étable
où le Sauveur est né.

Nous voici à la porte du couvent franciscain,
attenant à la basilique de la Nativité. Même accueil, même esprit, même charité qu'à l'hospice
de Casa-Nova. Un religieux s'offre à nous con-

duire dans la grotte, objet de nos désirs. Nous passons par la sacristie, qui communique avec l'église Sainte-Catherine ; c'est dans cette église que les Pères chantent l'office divin. A l'autre extrémité, on descend un escalier qui vous introduit dans la grotte de la Nativité, située sous le chœur de la basilique. On peut s'y rendre aussi depuis le chœur, par deux escaliers tournants. L'enfoncement circulaire du rocher placé entre les deux escaliers indique le lieu où la vierge Marie mit au monde Jésus-Christ ; on y lit sur une étoile d'argent cette inscription : « *Hic de virgine Maria Jesus Christus natus est :* Ici Jésus-Christ est né de la vierge Marie. »

Le petit oratoire de la crèche a trois mètres cinquante de long sur deux mètres trente de large. D'un côté, on voit une excavation qui simule une crèche, pour rappeler que celle où Marie coucha l'Enfant Jésus était à cette même place ; de l'autre côté, un autel appelé l'autel des Mages, parce que les Mages étaient là prosternés pour adorer le Fils de Dieu. Entre l'excavation et l'autel, il n'y a guère qu'un mètre ; les Mages étaient donc tout rapprochés de la crèche.

Cherchons à nous faire une idée aussi exacte

que possible de l'étable qui servit de refuge à Marie et à Joseph. Ce n'était point un bâtiment fait de main d'homme et destiné aux animaux. C'était une excavation de rocher, une caverne comme il y en a tant dans ces régions montagneuses. Pendant la saison des pluies, les troupeaux s'y retirent et y passent la nuit. Cette étable s'ouvrait sur le sud-ouest. Pourquoi les architectes de sainte Hélène ne l'ont-ils pas respectée, lorsqu'elle leur ordonna de l'enfermer dans un monument grandiose ? Pourquoi le marbre cache-t-il à nos yeux le sol aride et la pierre nue ?

Nous fûmes saisis d'étonnement et de douleur, lorsque notre guide nous apprit que les grecs s'étaient emparés, au mépris de tout droit, de ce sanctuaire, un des plus saints qui soient au monde. Les latins ne peuvent célébrer qu'à l'autel des Mages, et encore cette permission ne leur est-elle accordée qu'à certaines heures et pour un temps déterminé. Les prêtres du pèlerinage n'ont point échappé à ces humiliantes vexations.

De la grotte nous montons, par l'escalier des grecs, dans la basilique. C'est le plus beau monument de l'architecture chrétienne qui soit en

Palestine. Il a cinq nefs, soutenues par des colonnes de marbre blanc veiné de rouge, qui sont du temps de sainte Hélène. La voûte est remplacée par une charpente disposée avec un art infini. J'ai honte d'ajouter que ce superbe édifice sert aujourd'hui de bazar, et que les marchands s'y rassemblent pour un honteux trafic, tandis que les promeneurs de toute espèce, schismatiques ou musulmans, y tiennent les conversations les plus profanes. A la vérité, les grecs ont construit, à l'entrée du chœur, un mur qui le sépare du reste de l'église et le protège ainsi contre des excès plus déplorables. Mais que cet état de choses est attristant ! La tristesse augmente encore à la vue des prêtres grecs ou arméniens, qui célèbrent les saints mystères avec une légèreté, une dissipation, un sans-gêne vraiment scandaleux, même pour des Turcs. Nous ferons à ce sujet une remarque ou plutôt une comparaison qui a dû venir à l'esprit d'un grand nombre de pèlerins : à Jérusalem, les prêtres et les autres ministres des cultes dissidents sont relativement sérieux et dignes quand ils remplissent leurs fonctions ; à Bethléem, il en est tout autrement. C'est qu'à Bethléem ils peuvent sans nul inconvénient lever le masque, tandis qu'à Jérusalem ils sont obligés d'en imposer à leurs coreligionnaires, de peur que ceux-ci ne passent au catholicisme.

Nous revenons sur nos pas pour visiter les autres grottes souterraines, qui communiquent par un couloir avec celle de la Nativité. La première renferme deux chapelles, l'une dédiée à saint Joseph, qui dormait en cet endroit lorsqu'il eut la vision de l'ange qui lui donna l'ordre de prendre l'Enfant et la Mère et de fuir en Egypte ; l'autre, sous le vocable des saints Innocents, dont plusieurs ont été tués dans cette retraite. L'autel recouvre le tombeau qui contient leurs ossements. On arrive de là à la seconde grotte par un étroit passage pratiqué dans le rocher. A l'extrémité, l'oratoire de saint Jérôme, de tous les hôtes historiques de Bethléem le plus illustre ; il se retirait dans cette solitude pour se livrer à l'oraison et à l'étude des saintes Ecritures. En deçà, la galerie des tombeaux, dans l'ordre suivant : saint Jérôme, saintes Paule et Eustochie, saint Eusèbe qui fut le disciple de saint Jérôme. Quoique ces tombeaux soient tous vides, il s'en dégage un parfum de sainteté qui fortifie l'âme et l'incline vers la prière.

Rentrés au couvent, on nous fait voir dans le jardin un oranger qui passe pour avoir été planté par saint Jérôme et qui porte son nom. Nous visitons encore la nouvelle église du Sacré-Cœur, à côté de la sacristie ; elle n'est pas complètement terminée, mais les travaux touchent à leur fin. Quelqu'un propose alors une excursion aux environs de Bethléem ; cette motion est accueillie avec faveur, et nous prenons la direction du sud-est, au nombre de sept ou huit. A cinq minutes de la basilique se trouve la grotte du Lait, convertie en chapelle par les franciscains. Voici en peu de mots la légende de cette grotte. Lorsque la sainte Vierge prit la fuite du côté de l'Egypte, elle s'arrêta en ce lieu pour allaiter l'Enfant Jésus, et laissa tomber quelques gouttes de son lait sur le rocher, qui, dès lors, a la propriété de donner du lait aux nourrices. Comme ce rocher est crayeux, on peut en détacher facilement de petites parcelles ; on les réduit en poudre, et les mères qui ont de jeunes enfants mêlent cette poudre à leur boisson. Nous descendons la ville à l'orient, et bientôt nous arrivons dans la campagne par un chemin rapide et rocailleux. A notre droite, sur le penchant d'une colline, on montre non loin du chemin l'emplacement d'une maison qui aurait appartenu à saint Joseph ; mais tout a disparu, même les fondations. Ce village qui est devant nous, à un quart d'heure de Bethléem, c'est la patrie des bergers à qui les anges annoncèrent la naissance du Sauveur : de là son nom de village des Bergers. Il y a, au milieu du village, un puits qu'on appelle le puits de Marie, parce que la sainte Vierge, passant un jour auprès de ce puits et ayant soif, les eaux montèrent jusqu'à ses lèvres pour lui permettre de se désaltérer. Puis nous traversons le champ de Booz, dont il est parlé au livre de Ruth. Au milieu du champ, on voit une chapelle, et près de la chapelle une maison ; c'est la demeure d'un curé catholique. Il vint à notre rencontre, nous invita à entrer, et nous offrit quelques rafraîchissements avec une grâce parfaite. La chapelle des pasteurs est un peu plus bas ; c'était autrefois une grotte où les bergers se retiraient la nuit, tout en gardant leurs troupeaux. C'est là que les anges apparurent aux bergers, comme il est dit dans le deuxième chapitre de saint Luc, et qu'ils firent entendre leurs célestes harmonies. Les grecs se sont aussi emparés de cette chapelle,

qui est presque souterraine. Un jardin muré l'environne.

Nous retournons au couvent pour prendre notre repas. Il y avait, ce jour-là, plus de quatre-vingts visiteurs ; mais les bons religieux suffisaient à tout. On fit grand honneur au vin blanc de Bethléem.

L'après-midi fut consacré à une excursion du plus haut intérêt. Je veux parler des Vasques de Salomon au sud de Bethléem ; il faut une heure pour y arriver. Nous avions pris pour guide un élève de l'école tenue par les franciscains : chemin faisant, un de nous lui fit une leçon de catéchisme ; il répondit parfaitement à toutes les questions. A Bethléem, comme à l'établissement des Frères de Jérusalem, les religieux font aimer la France et la langue française.

Les Vasques de Salomon sont d'immenses réservoirs d'eau, que ce grand roi fit creuser dans le roc et qui devaient alimenter la ville de Jérusalem au moyen d'un aqueduc. Ces réservoirs sont au nombre de trois, distants l'un de l'autre d'environ cent pas, et superposés de façon qu'ils se déversent l'un dans l'autre par des canaux souterrains. D'après le F. Liévin, le premier, c'est-à-dire le plus éloigné, aurait 177 mètres de long, 64 de large et 15 de profondeur; le second, 129 mètres de long, 70 de large et 12 de profondeur; et le troisième, 116 de long, 70 de large, 8 de profondeur. De fortes digues en maçonnerie les encadrent. Ils reçoivent les eaux d'une source voisine, qui n'est autre que la fontaine scellée, *fons signatus*, dont il est question dans le Cantique des cantiques : on sait que la tradition des siècles chrétiens s'est plu à voir dans cette fontaine une figure de la sainte Vierge. Pour cette seule raison, nous ne pouvions manquer de nous y rendre. Elle est protégée par une espèce de château d'eau fermé avec soin ; une porte munie d'une forte serrure donne entrée par un escalier dans une première chambre; ensuite on passe dans une autre pièce plus étroite, qui touche au rocher d'où jaillit la source. Nous y avons bu à longs traits. La clef de la fontaine scellée est confiée à quelques musulmans, qui habitent près de là un vieux château, dont les quatre tours et les murailles tombent en ruines.

De cet endroit on domine, à l'est, une fertile vallée, au fond de laquelle le jardin fermé de Salomon, *hortus conclusus*, un autre symbole

de la Vierge sans tache, étale ses richesses. On
y fait, dit-on, jusqu'à six récoltes dans l'année.
Il est impossible de rien voir de plus gracieux ;
et ce qui ajoute encore au charme, c'est le con-
traste des montagnes arides et désolées qui l'environnent de toutes parts.

Mais le jour baisse, il faut se hâter de rentrer
chez les Pères.

CHAPITRE XIII

SAINT-JEAN

Avant de quitter Bethléem pour nous diriger
sur Saint-Jean, nous disons adieu à la grotte de
la Nativité : *illic sedimus et flevimus;* les yeux
baignés de larmes, nous collons nos lèvres,
une dernière fois, sur ce pavé où tant de fidèles sont venus s'agenouiller ; puis nous prenons congé des bons religieux. On nous fait
remarquer, dans l'intérieur de la ville, une
école de filles confiée aux sœurs de Saint-Joseph, un couvent de carmélites, et un magnifique orphelinat, que vient de fonder l'illustre
dom Belloni, prêtre italien, âme ardente, cœur
aimant, dont le zèle, la charité, le désintéresse-
ment, n'ont pas de bornes.

Nous placerons ici une réflexion qui est com-
mune à beaucoup de pèlerins. C'est que les
lieux célèbres de terre sainte conservent comme

un immortel reflet des mystères qui s'y sont opérés. Nazareth est gaie, Jérusalem est profondément triste, Bethléem est souriante et joyeuse; et ceci s'applique non seulement au site, mais aux mœurs et au caractère de ces divers pays, aussi bien qu'aux impressions du pèlerin qui les parcourt.

Cependant, grâce à l'agilité de nos montures, nous franchissons rapidement, à travers mille rochers, les huit à dix kilomètres qui séparent Bethléem du village de Saint-Jean, dans la direction du sud-ouest. Ce village est situé au fond d'une gorge dont les abords font trembler les plus audacieux; aussi la plupart descendent-ils de cheval, de peur d'être précipités sur les pierres aiguës. Nous sommes heureux de retrouver l'habit franciscain dans un beau couvent, voisin de l'église de Saint-Jean-Baptiste. A peine étions-nous installés, qu'on annonce le P. Picard avec une suite nombreuse, venant de Jérusalem; dans cette suite, nous reconnaissons le P. Marie-Antoine et le F. Liévin.

L'église de Saint-Jean-Baptiste occupe l'emplacement de la maison de Zacharie, son père. C'est un beau vaisseau à trois nefs; au bout de la nef gauche se trouve un escalier en marbre par où l'on descend dans la grotte de la Nativité du saint Précurseur. Cette grotte a été convertie en chapelle ; l'autel indique le lieu de la naissance de saint Jean ; là aussi Zacharie recouvra l'usage de la parole et composa, sous l'inspiration de l'Esprit-Saint, l'admirable cantique *Benedictus*. La chapelle de la nef droite renferme le rocher sur lequel saint Jean prêchait la pénitence aux foules accourues sur les bords du Jourdain ; on voit ce rocher derrière une forte grille qui le défend de tout larcin.

Le lendemain de notre arrivée, 22 mai, le P. Picard célébra la messe du pèlerinage. On y fit l'offrande d'une statue de Notre-Dame de la Salette, et un religieux de la Salette commenta de la façon la plus touchante et la plus heureuse ces paroles du Précurseur : « *Facite ergo fructus dignos pœnitentiæ*, faites donc de dignes fruits de pénitence. » Le peuple juif, s'écria-t-il, a entendu le premier ces mots, auxquels il a répondu par un faible mouvement de conversion ; et après il est tombé dans l'endurcissement jusqu'au déicide, qui a été puni par une malédiction sans exemple. Le peuple franc a entendu à la Salette non plus le Précurseur, qui est né ici et qui a prêché dans

ces déserts, mais Marie, précurseur de Jésus;
Marie, qui avait apporté à Jean la satisfaction
avant même qu'il fût né, et qui nous a répété
des paroles semblables. Jean-Baptiste a pratiqué
la pénitence avant de la prêcher ; pèlerins de la
pénitence, imitons-le. Que la vierge Marie nous
consacre à la pénitence et fasse de nous les pré-
curseurs de son Fils dans les âmes, à notre retour en France !

Après la messe, nous nous dirigeons proces-
sionnellement vers la chapelle de la Visitation,
qui n'est éloignée que d'un quart d'heure du couvent, et isolée du village. A mi-chemin, la procession s'arrête auprès d'une fontaine qui porte
le nom de fontaine de la Vierge, parce que la
future Mère de Jésus y vint souvent puiser de
l'eau, pendant les trois mois qu'elle passa chez
sa cousine Elisabeth.

La chapelle de la Visitation occupe l'emplacement de la maison de campagne de Zacharie;
elle a été restaurée en 1861 par les franciscains,
et rendue ensuite au culte catholique. C'est dans
ce lieu que s'est faite la rencontre de Marie et
d'Elisabeth, rapportée par saint Luc (ch. i).
Ecoutons le récit de l'évangéliste : « En ces
jours-là, Marie partit et s'en alla en toute dili-

12

gence vers les montagnes, en une ville de Juda.
Et elle entra dans la maison de Zacharie, et sa-
lua Elisabeth. Et il arriva qu'à peine Elisabeth
avait entendu la salutation de Marie, son enfant
tressaillit dans son sein, et Elisabeth fut rem-
plie du Saint-Esprit ; et, élevant la voix, elle
s'écria : Vous êtes bénie entre les femmes, et le
fruit de vos entrailles est béni. Et d'où m'ar-
rive-t-il que la mère de mon Dieu vienne vers
moi? Car la voix de votre salutation n'est pas
plus tôt parvenue à mes oreilles, que l'enfant a
tressailli de joie dans mon sein. Vous êtes bienheureuse, vous qui avez cru ; car les choses
qui vous ont été dites par le Seigneur seront
accomplies. »

Pendant qu'Elisabeth parlait ainsi, la Vierge
était ravie en extase, et de ses lèvres jaillirent,
comme un torrent de reconnaissance et d'a-
mour, des accents tels que le monde n'en avait
jamais entendus, des accents que les fidèles sur
la terre et les bienheureux au ciel ne se lasse-
ront pas de répéter éternellement. Elle chantait, dans l'ivresse de son bonheur, le divin cantique *Magnificat*. Et nous, heureux pèlerins,
prosternés dans ce même lieu, entre ces mêmes
montagnes qui entendirent pour la première

fois ce chant céleste de notre Mère, livrés à la plus douce des illusions, il nous semblait assister à ce ravissant dialogue des deux cousines. Le P. Marie-Antoine prit la parole et fit la paraphrase du cantique de Marie. « Mon âme exalte le Seigneur : cette âme de l'auguste Vierge, c'est la plus grande de toutes, car elle atteint aux limites de la divinité : *attingit ad fines divinitatis*. Son esprit qui tressaille, *spiritus meus*, c'est l'esprit de Dieu lui-même dont elle est animée. Ce Dieu sauveur a regardé favorablement son humilité : un abîme appelle un autre abîme ; l'abîme d'humilité de Marie appelle l'abîme d'anéantissement du Verbe. Dieu dit aux anges : Me voici, et Satan répond : Je ne servirai pas : *Non serviam*. Dieu dit à l'homme : Me voici, et l'homme répond : Je ne servirai pas. Dieu dit à Marie : Me voici, et elle répond : *Ecce ancilla*, je suis votre petite servante, ô mon Dieu. A cause de cette réponse, tous les êtres l'appelleront bienheureuse ; Dieu, les anges, les hommes, la canoniseront de concert. Ici elle se révèle prophétesse et reine des prophètes. Mais de suite elle se souvient qu'elle est mère, et invoque la divine miséricorde : *et misericordia ejus* ; je serai l'instrument de cette

miséricorde, veut-elle nous dire, depuis Adam
jusqu'à son dernier descendant : *a progenie
in progenies*. Cette miséricorde a renversé
les puissants : *deposuit potentes* ; Satan est dé-
trôné. Cette miséricorde nous comble de biens,
nous, les pèlerins de la pénitence, les affamés
de la gloire de Dieu ; tandis que nos ennemis,
qui se moquent de nous là-bas, en France, et
qui se croient riches, n'auront rien : *divites di-
misit inanes*. Cette miséricorde de Dieu s'est
reposée sur Israël, son enfant ; Israël, c'est Jésus : *suscepit Israel puerum suum*. Israël, ne
craignons pas de le dire, c'est aussi la France,
fille de Dieu et de Marie ; la France, qui possédait à Chartres, avant l'Incarnation, un autel
consacré à la Vierge qui devait enfanter : *Virgini
parituræ* ; la France, où saint Lazare et ses
compagnons d'apostolat dressèrent, en divers
lieux, des autels à Marie de son vivant, et chantèrent, de son vivant aussi, le *Magnificat*. La
France ne périra pas, car elle appartient à
Marie. »

Ces paroles, si décolorées sous la plume qui
les écrit, étaient pour l'assistance comme des
jets de flammes ; les cœurs étaient embrasés, et
les larmes tombaient de bien des yeux.

Avant de sortir, les pèlerins se désaltèrent à une source qui se trouve auprès de l'*autel de la Rencontre*, et qui existait déjà du temps de la sainte Vierge. A droite de l'autel, on voit le rocher derrière lequel Elisabeth, poursuivie par les cruels émissaires d'Hérode à l'époque du massacre des Innocents, cacha son fils et se cacha elle-même en s'écriant : « Rocher, sauve le fils et la mère! » Il y a, en outre, un second autel, à gauche de la porte, qui, à ce que l'on croit, marque l'endroit de la circoncision du Précurseur.

On peut descendre, depuis la chapelle de la Visitation, sur le chemin qui conduit au désert de saint Jean, à deux petites heures du village. Le grand attrait de cette excursion, c'est la grotte dans laquelle il vécut de longues années, pratiquant la pénitence, vivant de sauterelles et de miel sauvage, et se préparant à sa grande mission. Elle domine la vallée du Térébinthe. Un solitaire, Français d'origine, a fixé sa demeure dans cette sauvage retraite, avec l'approbation du patriarche de Jérusalem. En face, on aperçoit un village musulman, qui passe pour fanatique. Quelques habitants de ce village, en ces derniers temps, ont tiré plusieurs coups de feu

12

sur le solitaire ; il s'en est plaint aux autorités
de Jérusalem, et, depuis lors, il n'est plus in-
quiété. De temps en temps il reçoit la visite des
renards et autres animaux sauvages ; mais il ne
s'en effraie pas, et continue paisiblement sa vie
d'oraison.

Nous ne saurions passer sous silence le magnifique orphelinat des Dames de Sion, que le P. de
Ratisbonne vient de fonder auprès du village de
Saint-Jean. On y admet même les musulmanes.
Un grand jardin, qui paraît fertile et bien tenu,
entoure la maison et la chapelle. A ces religieuses si dévouées qui servent de mères aux
orphelines pour sauver leurs âmes, nous avons
fait présent d'une statue fort réussie de sainte
Monique, leur patronne. Le P. de Ratisbonne
était là. Nous espérions un mot de lui, le P. Picard l'en avait supplié, mais notre espérance
fut déçue. Il refusa même de bénir la statue,
et ce fut le curé catholique de la paroisse qui la
bénit à sa place. Comme nous sortions, une
charmante surprise nous attendait, les bonnes
religieuses avaient fait ranger leurs orphelines
des deux côtés de la grande allée, et pendant
que les pèlerins défilaient, elles chantèrent les
plus gracieux refrains dans notre langue, pour

fêter notre présence et bénir la générosité de la France.

C'est ainsi que nous avons rapporté, de notre voyage à Saint-Jean dans la montagne, les meilleures impressions. Après un jour et demi passé dans la patrie du Précurseur, nous reprenions la route de Jérusalem, pour n'en plus sortir avant le départ définitif. Le chemin passe tout près du couvent grec de Sainte-Croix, qui sert de séminaire aux schismatiques. Nous y entrons pour visiter l'église; elle est très riche en mosaïques et en peintures murales. Elle a été bâtie par l'empereur Héraclius, à l'endroit où l'on prit l'arbre dont on fit la croix du Sauveur. Sainte-Croix est à un quart d'heure de la porte de Jaffa. Entre ces deux points se trouve un grand réservoir, complètement à sec, qui n'est autre que la piscine supérieure, auprès de laquelle Isaïe prophétisa la fécondité de la vierge Marie : « *Ecce virgo concipiet...* Voici qu'une vierge concevra et enfantera un fils, qui sera nommé Emmanuel. »

CHAPITRE XIV

LE RETOUR

On avait fixé le départ des pèlerins au lundi 29 mai. La veille, fête de la Pentecôte, nous étions réunis auprès du cénacle, dans l'enceinte du cimetière catholique, pour entendre la messe du pèlerinage; il y avait aussi beaucoup d'autels portatifs dressés dans ce même lieu par les soins des jeunes novices de l'Assomption, de sorte qu'un grand nombre de prêtres eurent cette consolation, de célébrer l'auguste sacrifice aussi près que possible de la maison où Jésus-Christ l'avait institué. Une fraction notable des pèlerins, craignant pour le dernier jour les lenteurs et les confusions dont on avait tant souffert pendant le voyage de Samarie, et se souvenant de la manière par trop libérale dont la Compagnie anglaise avait rempli ses engagements, s'était décidée à partir pour Jaffa dès le guide des pèlerins, et nous convoquait pour assister à l'érection de la statue. M. l'abbé Petit, du diocèse de Paris, rédacteur d'une revue en l'honneur de cette illustre vierge, prit la parole. Il retraça, dans un tableau rapide et plein d'intérêt, l'historique des pèlerinages contemporains, qui ont eu leur point de départ dans la dévotion à sainte Philomène. Le P. de Ratisbonne était du nombre des auditeurs ; il voulut servir d'assistant à M. Petit, qui fut prié de donner le salut du très saint Sacrement. A peine avait-il exposé l'ostensoir sur l'autel, que nous le voyons quitter brusquement sa place et se diriger du côté de la statue, tenant dans ses mains un linge blanc. Il avait oublié de voiler une relique de sainte Philomène avant l'exposition, et il se hâtait de réparer cette faute involontaire contre la liturgie.

Les carmélites du *Pater*, sur la montagne des Oliviers, sont venues les dernières. Leur monastère a été construit par la princesse de la Tour d'Auvergne. Dans la cour intérieure, on a fixé, le long des murs, trente-deux plaques, sur lesquels le *Pater* est écrit en trente-deux langues différentes. Elles ont présentement pour tourière une négresse, que tous les pèlerins ont remarquée, et qui parle trois ou quatre langues, le français entre autres, avec une facilité étonnante. Le pacha leur a rendu visite peu de temps avant notre arrivée ; il s'est informé minutieusement de leur genre d'existence, et les a assurées de sa sympathie. Les travaux de clôture ne sont pas encore achevés. Il n'y a pas sur la surface de la terre un lieu plus propre à la prière et au recueillement. Ainsi, la vie active et la vie contemplative, le travail et l'oraison saintement unis, se retrouvent dans cet étrange milieu où le Turc, le juif, le catholique, le grec, l'hérétique, cédant à une attraction mystérieuse, sont venus s'assembler de toutes les parties du monde. L'infidèle et le dissident ont de la sorte sous les yeux le spectacle de la sainteté sous ses différentes formes ; et qui sait si, dans les desseins de Dieu, il n'en jaillira pas une lumière pour leur intelligence dévoyée, une grâce de conversion pour leur cœur ?

samedi 27. Il en résulta pour les autres un avantage considérable : ce fut d'obtenir des chevaux à peu près sortables, ou mieux encore des places dans les voitures qu'on tenait à notre disposition.

Je prie le lecteur de me pardonner si je ne dis rien des émotions du départ, des adieux à la ville sainte, et de notre saisissement lorsque Jérusalem disparut pour toujours derrière les montagnes qui l'environnent. Il est des sentiments que la langue humaine est impuissante à rendre.

Le trajet de Jérusalem à Jaffa est de soixante-dix kilomètres, et nous devions le faire en un jour. Saluons rapidement et sans nous arrêter les lieux célèbres qui passent sous nos yeux : le torrent du Térébinthe, où David choisit les cinq pierres dont il devait se servir contre Goliath ; le village de Saris, assis sur le flanc de la montagne de Séir, célèbre par la réconciliation d'Esaü avec Jacob ; le puits et le couvent de Job ; le village d'El-Latroun, patrie du bon larron. A sept heures du soir nous atteignons Ramleh, l'ancienne Arimathie, qui possède deux écoles dirigées l'une par les franciscains, l'autre par les sœurs de Saint-Joseph. Après un arrêt de deux heures, pendant lequel nous prenons notre repas, la caravane se remet en marche. Jamais le désordre ne fut aussi complet; il y avait parfois une distance de plus d'un kilomètre entre un cavalier et un autre cavalier. Nous étions accablés de lassitude, les ténèbres de la nuit ajoutaient encore aux difficultés de la route. Enfin, voici les jardins de Jaffa, voici les premières maisons de la ville. Il est onze heures du soir. On nous distribue par groupes dans quelques hôtels pour y prendre un repos dont chacun sentait l'impérieux besoin.

Le lendemain, à neuf heures du matin, nous nous retrouvions à bord de la *Guadeloupe*, dans le port de Jaffa, cherchant à nous rappeler l'histoire de cette antique cité. Elle passe pour être la patrie de Noé; après le déluge, Japhet la rebâtit et lui donna son nom. Longtemps elle s'appela Joppé; on sait que Jonas s'embarqua à Joppé pour échapper à l'ordre de Dieu, qui lui commandait d'aller à Ninive prêcher la pénitence, et que saint Pierre y opéra des miracles. Joppé fut mise de nouveau en relief au temps des croisades. Depuis, son rôle est bien effacé; mais il lui reste toujours ses immenses jardins,

temples en toute liberté, et les foules feront
entendre ces exclamations : Vive le Christ, qui
aime toujours les Francs ! Vive Léon XIII ! Vive
l'Eglise ! »

La plus belle œuvre du patriarche actuel, c'est
la fondation d'un établissement de frères des
Ecoles chrétiennes dans le voisinage de son palais. On concevra difficilement la joie des pèlerins
lorsque leur apparut pour la première fois cette
robe des bons Frères, si conspuée d'une part,
si aimée et si vénérée de l'autre. Ils ont plus de
deux cents élèves, qui appartiennent à toutes
les religions représentées à Jérusalem. Leur
maison, entièrement neuve, pourrait le disputer
aux premières de France pour la bonne disposi-
sition des pièces, la salubrité, la propreté et
l'étendue. L'instruction qu'ils donnent est gra-
tuite, et leur affectueux dévouement suffit seul
à la rendre obligatoire pour les enfants, dont ils
sont chéris comme des pères. Ils leur inspi-
rent le respect et l'amour de la France, et
cherchent à faire apprendre la langue française au plus grand nombre possible. Aussi,
quand un de ces enfants rencontrait un pèlerin
dans la rue, il ne manquait pas de l'aborder par
ces mots, accompagnés d'un gracieux salut :

« Bonjour, Monsieur ; » ou bien : « Bonjour, Madame ; » et si c'était un prêtre : « Bonjour, mon père. » Ils se montraient surtout empressés dans les sacristies pour servir nos messes, et je connais beaucoup de servants de messe qui gagneraient à prendre une leçon auprès de ceux de Jérusalem.

Les Frères ont bien vite conquis l'estime publique dans la ville sainte. Le prédécesseur du pacha actuel leur avait confié ses fils, et quand il partit pour un autre poste, il vint leur dire adieu en leur offrant son appui. Tel est le patriotisme de ces humbles religieux, qu'ils avaient tenté de faire habiller les écoliers à la française ; mais on leur représenta les inconvénients possibles de cette innovation, et ils cessèrent. Notre présence était pour eux une fête ; ils furent heureux surtout d'assister, le 25 mai, à la bénédiction d'une statue de saint Pierre, don du pèlerinage au patriarcat, faite sur le modèle de celle du Vatican, et qui a été placée au-dessus de la nef gauche. Cette cérémonie produisit une vive impression. M. l'archiprêtre Metge se fit l'interprète des sentiments de tous dans un magnifique discours sur l'unité des croyances et des cœurs, dont le pape est le lien. Puis les

notre génération d'assister à cette nouvelle
prise de possession de Jésus-Christ dans une
contrée d'où il était banni depuis tant de siècles.
Les pèlerins de la pénitence ont salué avec
des transports de joie cette ère de salut qui se
lève pour Jérusalem.

L'impulsion première est venue de Pie IX.
Dès le début de son pontificat, il rétablit le patriarcat de Jérusalem, et nomma patriarche
Mgr Valerga, qui, pendant un pontificat de vingt-
cinq ans, s'est dévoué à l'extension du règne
de Dieu. Son successeur, Mgr Bracco, le titulaire
actuel, a hérité de son esprit et continue ses œuvres. Le palais patriarcal est situé au nord-ouest
de la ville, dans l'enceinte des murs. A côté du
palais, on a bâti une belle et grande église gothique, dédiée à saint Pierre, et qui vient d'être
terminée. Les pèlerins y ont eu plusieurs réu-
nions générales, notamment les trois jours avant
la Pentecôte, pour prendre part aux exercices
d'une retraite préparatoire, et le jour de cette
grande fête, pour l'office pontifical. Le P. Marie-
Antoine fut chargé de la prédication; il nous
fascinait. Je ne puis me défendre de citer un de
ses discours : « Les derniers siècles du monde,
dit-il, sont réservés aux œuvres du Saint-Esprit,

c'est-à-dire aux œuvres de l'amour. Mais l'ennemi de Dieu les combat par les œuvres de la haine. Trois hommes ont personnifié la haine de Dieu : Luther, Voltaire, et celui qui a vomi ce blasphème : Le Christ, c'est l'ennemi. Ils sont tous trois menteurs, comme leur père le diable. Contre Luther, l'Esprit-Saint a suscité le concile de Trente, qui a créé les séminaires, œuvre d'amour. Contre Voltaire, il a inspiré la dévotion au Sacré Cœur de Jésus, œuvre d'amour. Contre la révolution personnifiée dans le blasphémateur moderne, il a inspiré la définition du dogme de l'Immaculée Conception, le concile du Vatican, où fut proclamé le dogme de l'infaillibilité pontificale, et enfin les pèlerinages, c'est-à-dire encore des œuvres d'amour. Mais les pèlerinages de la Salette, de Lourdes, de Rome et les autres ne suffisaient pas ; ils demandaient un complément : c'est le pèlerinage de Jérusalem. Le Saint-Esprit, qui nous a conduits si loin, veut que ce pèlerinage soit couronné par sa fête à lui, la fête de la Pentecôte. Et maintenant que tout est fini, du côté des pieux catholiques, la délivrance va venir, la France va ressusciter, et les bannières du Christ pourront reparaître dans nos rues, et Jésus pourra sortir de ses

dont la richesse et la beauté rappellent les merveilles de la terre promise.

A une heure du soir, nous sortons du port.
Tous les regards sont fixés sur la terre sainte, qui
fuit et qui s'efface. Le temps est calme, peu de
personnes sont incommodées, le mal de mer
paraît vouloir nous faire grâce et se borner à
quelques victimes.

Pour éviter des répétitions fastidieuses, nous
nous bornerons à dire que la seconde traversée fut semblable à la première. Mêmes exercices, mêmes prédicateurs. On fit la clôture du
mois de Marie le mercredi 31 mai, et, le lendemain, l'ouverture du mois du Sacré Cœur. Le
jour de la sainte Trinité, la *Guadeloupe* était
en fête. Trois marins, dont un jeune mousse,
firent leur première communion avec une piété
admirable. Deux d'entre eux étaient Corses ; ils
avaient été préparés à ce grand acte par M. l'abbé
Batisti, Corse lui-même. Le soir, il y eut
rénovation des vœux du baptême et consécration à la sainte Vierge. Nous n'oublierons jamais
cette journée du ciel.

Par une délicate attention, le commandant
du bord avait bien voulu prendre un chemin
différent de celui que nous avions suivi de

Marseille à Kaïffa. Ce même dimanche de la
sainte Trinité, quand on monta sur le pont à
l'aube du jour, un cri de joie sortit de toutes les
poitrines. Un spectacle incomparable nous attendait. A notre gauche, dans la direction du nord,
l'Etna avec la Sicile; à droite, c'est-à-dire au
sud, les Abruzzes et les montagnes de la Cala-
bre. Bientôt nous sommes en face de Messine.
Je n'ai rien vu de plus séduisant. Assise sur les
bords de la mer comme une reine sur son trône,
Messine étalait devant nous ses maisons élé-
gantes et ses nombreux palais, éclairés par un
splendide soleil. Nous n'en sommes pas éloignés de plus de deux kilomètres. Derrière la
cité, les montagnes apparaissent couvertes de
vignes, d'oliviers, de villas, de jardins. De l'autre côté du détroit, on découvre Reggio, que
nous avons longé à notre insu une heure auparavant et qui se perd dans le vague. Vers dix
heures, le groupe des îles Lipari se détache sur
la mer ; nous pouvons les compter ; elles sont
au nombre de six. La plus éloignée est Strom-
boli, rocher gigantesque couronné d'un volcan,
qui communiquerait, d'après plusieurs savants,
avec l'Etna et le Vésuve ; nous distinguons
facilement la fumée qui s'échappe du cratère.

Le 5 juin, vers deux heures du soir, nous étions en vue de la Sardaigne, et peu après il nous était donné de saluer, dans la Corse, la réapparition de la patrie. Nous avions, le matin, célébré un service solennel pour le repos de l'âme de M. l'abbé Chambaud, mort à Jérusalem. Jusque-là, Dieu ne nous avait pris que cette seule victime ; mais à peine le service était-il terminé, qu'il se répandit une nouvelle alarmante. M. Roueche, curé dans le territoire de Belfort, dont la maladie avait paru sans gravité d'abord, se mourait; il expira à deux heures. Pendant la nuit suivante, la mort frappa encore, et on nous annonça, le 6 juin, à la messe du pèlerinage, que M. Viros, du diocèse de Bordeaux, avait succombé à une fièvre typhoïde. Ces deux décès, arrivés coup sur coup, jetèrent la consternation parmi les passagers. Ce qui ajoutait à notre douleur, c'étaient les sévérités du règlement du bord, d'après lequel on doit jeter les cadavres à la mer, quelques heures seulement après la mort. Force fut de subir cette dure nécessité.

Au milieu de nos épreuves, la parole apostolique du P. Mathieu nous était d'un grand secours. Il nous demanda de réciter le chapelet,

13

deux jours de suite, pour nos défunts, et leur fit, avec autant de cœur que de talent, l'application des mystères douloureux et des mystères glorieux. Par une coïncidence singulière, la submersion des deux cadavres eut lieu, pour le premier, à l'entrée du détroit de Bonifacio, et pour le second, à la sortie de ce même détroit ; c'est-à-dire qu'entre eux se trouvent les huit cents soldats de la *Sémillante*, qui pendant la campagne de Crimée firent naufrage au milieu du détroit, et furent engloutis jusqu'au dernier.

Le 7 juin, les passagers de la *Guadeloupe* se réveillaient dans le port de Marseille. Il nous était donné de revoir, après six semaines, la chère image de Notre-Dame de la Garde, étincelante des feux du soleil levant. Nous tombons à genoux sur le pont, pour lui adresser de loin l'ardente expression de notre reconnaissance. A la messe du pèlerinage, le P. Bailly nous adresse quelques paroles d'adieu, empreintes d'une paternelle bienveillance. M. l'archiprêtre de Perpignan lui répond au nom de tous, et le remercie chaleureusement.

A dix heures, on annonce que nous ne subirons pas de quarantaine, et que nous serons

exempts du contrôle de la douane. Le débarquement s'effectue en présence d'un grand
nombre de Marseillais, accourus pour nous féliciter.

Le lendemain, à sept heures du matin, nous
étions réunis à Notre-Dame de la Garde, où
Mgr Robert offrait le saint sacrifice en action de
grâces de notre heureux retour. Sur ces entre-
faites, le P. Bailly accourt précipitamment, et
nous donne des nouvelles de la *Picardie*. Les
pèlerins de la *Picardie*, partis de Jérusalem
deux jours après nous, et embarqués à Jaffa le
mercredi 31 mai, venaient d'arriver ; ils ont eu
comme nous deux décès ; celui de M. l'abbé
Laurent, vicaire à Montluçon, mort le 31 mai,
et celui du F. Simon, de l'Assomption, mort le
7 juin. Le P. Bailly convoque ensuite les pèlerins à la dernière réunion générale, qui doit se
tenir à la Major, vers cinq heures du soir. Le
départ du train spécial aura lieu à dix heures
du soir de ce même jour.

Cette dernière assemblée du pèlerinage de
pénitence offrit un caractère particulièrement
émouvant. L'aspect de ces visages brûlés par le
soleil de l'Orient, la trace de nos longues fatigues, imprimée sur nos traits et dans notre dé-

marche, frappait singulièrement la population
catholique de Marseille. Quand le P. Picard
parut dans la chaire, il y eut comme un fré-
missement dans l'assistance. Il résuma en quelques paroles l'histoire des six semaines écou-
lées, et n'hésita pas à qualifier de miraculeux
ce grand voyage. « Les pèlerins de 1882,
s'écria-t-il en finissant, ne font désormais qu'une
famille ; ils vont se séparer de corps, mais ils
resteront unis par l'esprit, par la prière, par le
sacrifice, jusqu'au rendez-vous suprême de la
patrie céleste. »

ÉPILOGUE

NOS VICTIMES

L'avenir seul fera connaître tous les résultats du pèlerinage populaire de pénitence. Mais déjà ceux que nous pouvons signaler comme acquis sont considérables. Les pèlerinages antérieurs avaient, comme on l'a dit, purifié les voies ferrées, les wagons, les gares, souillés par tant de scandales et de blasphèmes. Notre pèlerinage a purifié les eaux de la mer.

Nous avons réhabilité la réputation de la France en Orient. Il arrivait trop souvent que les voyageurs français ne montraient pas, en présence des sanctuaires célèbres, ces exemples de piété que les infidèles et les hérétiques se croyaient en droit d'attendre d'eux ; de là, contre nous, des préjugés fâcheux. Nous avons réussi à les détruire ; nous avons entendu les Orientaux exprimer leur étonnement et dire : « Nous savons maintenant que les Français prient. » A l'avenir, les couvents latins seront plus respectés, et nous ne craignons pas de l'affirmer, l'influence française grandira.

13*

Nous avons réhabilité la croix. Ce signe sacré du salut, qu'on n'osait plus montrer en public, de peur de l'exposer aux derniers affronts, nous l'avons porté triomphalement dans les rues de la cité déicide. L'idée catholique a fait un pas de géant, et les œuvres chrétiennes, inspirées par la croix de Jésus-Christ, se consolideront et se compléteront.

Dans le cours de notre voyage, nous avons admiré surtout les dames de Paris. Voilà de vraies pèlerines ; elles ont, plus que les autres, l'esprit des pèlerinages. Nous n'avons remarqué chez aucune d'entre elles ce luxe dans les vêtements, ces petites délicatesses mondaines dont quelques autres n'avaient pas su se défaire entièrement. Les premières aux exercices de piété, les premières à la peine, au dévouement, au soin des malades, oublieuses d'elles-mêmes jusqu'à l'héroïsme, on pouvait deviner, en les voyant, que Paris a été le point de départ du grand mouvement religieux des pèlerinages, qui tend à se développer de plus en plus.

Il est très remarquable que parmi nos victimes, il n'y ait que des prêtres et un religieux ; ce choix de Dieu est significatif et nous doit inspirer une invincible confiance. A notre arrivée à Marseille, nous avions un agonisant ; les frères de Saint-Jean de Dieu le recueillirent et lui prodiguèrent les trésors de leur dévouement ; mais tout fut inutile, et M. Vincent rendait sa belle âme au Seigneur quelques jours après. Il était, comme M. Roueche, curé dans le diocèse de Besançon. Lorsque le cercueil qui renfermait sa dépouille mortelle arriva, vers minuit, à la gare de Port-d'Atelier, distante de plus d'une heure d'Aboncourt, ses paroissiens étaient là, au nombre de cent cinquante hommes, malgré les travaux et les fatigues de la journée. Le lendemain, soixante prêtres assistaient à ses funérailles ; ce fut un vrai triomphe. Il en avait été de même à Chèvremont, paroisse de M. Roueche. C'est ainsi que le diocèse de Besançon se trouvait placé au premier rang par le nombre et la qualité des victimes : ce sera une de ses gloires les meilleures et les plus pures, comme ces deux prêtres avaient été eux-mêmes parmi les plus zélés et les plus saints de son clergé.

Nous pensons ne pouvoir mieux finir qu'en donnant ici la liste de nos glorieux défunts :

1° M. Chambaud, curé de Montboyer, diocèse d'Angoulême. Il mourut à Jérusalem, à l'hospice Saint-Louis, le 16 mai, en disant : « Je meurs pour la France et pour ma paroisse. »

2° M. Laurent, vicaire à Montluçon, diocèse de Moulins ; âme angélique, mûre pour le ciel dès les débuts de son sacerdoce ; décédé à bord de la *Picardie*, le 31 mai.

3° M. Roueche, curé de Chèvremont, près Belfort, diocèse de Besançon ; mort le 5 juin, passager de la *Guadeloupe*.

4° M. Viros, curé de Saillans, diocèse de Bordeaux ; mort d'une fièvre typhoïde le 5 juin, passager de la *Guadeloupe*. Il avait fait joyeusement et de grand cœur le sacrifice de sa vie.

5° F. Simon, religieux de l'Assomption, passager de la *Picardie*, décédé le 7 juin. « Nous sommes heureux et fiers, disait le P. Picard, que Dieu ait demandé cette sainte victime à la congrégation qui avait pris la direction du pèlerinage de pénitence. »

6° M. Vincent, curé d'Aboncourt (Haute-Saône), diocèse de Besançon, mort à Marseille, le 18 juin, chez les frères de Saint-Jean de Dieu.

Hi sunt qui multum orant pro populo.

Imprimatur :

†

TABLE DES MATIÈRES

BESANÇON, IMPR. PAUL JACQUIN.

www.ingramcontent.com/pod-product-compliance
Lightning Source LLC
Chambersburg PA
CBHW070512200326
41519CB00013B/2789